AF341563

V 2412
(6)

21807

ROLOGIE
VDICIAIRE.

Diuisée en trois Traittez

...Astrologues de ce temps.

...à la REYNE Regente, par
...DE CAVVIGNY sieur
de COLOMBY.

À PARIS.

...hez TOVSSAINCT du BRAY rue Saint
...[Ia]ques, aux espics meurs, & en sa bouticque
au Palais, à l'entrée de la gallerie
des prisonniers.

M. DC. XIV.

Auec priuilege du Roy.

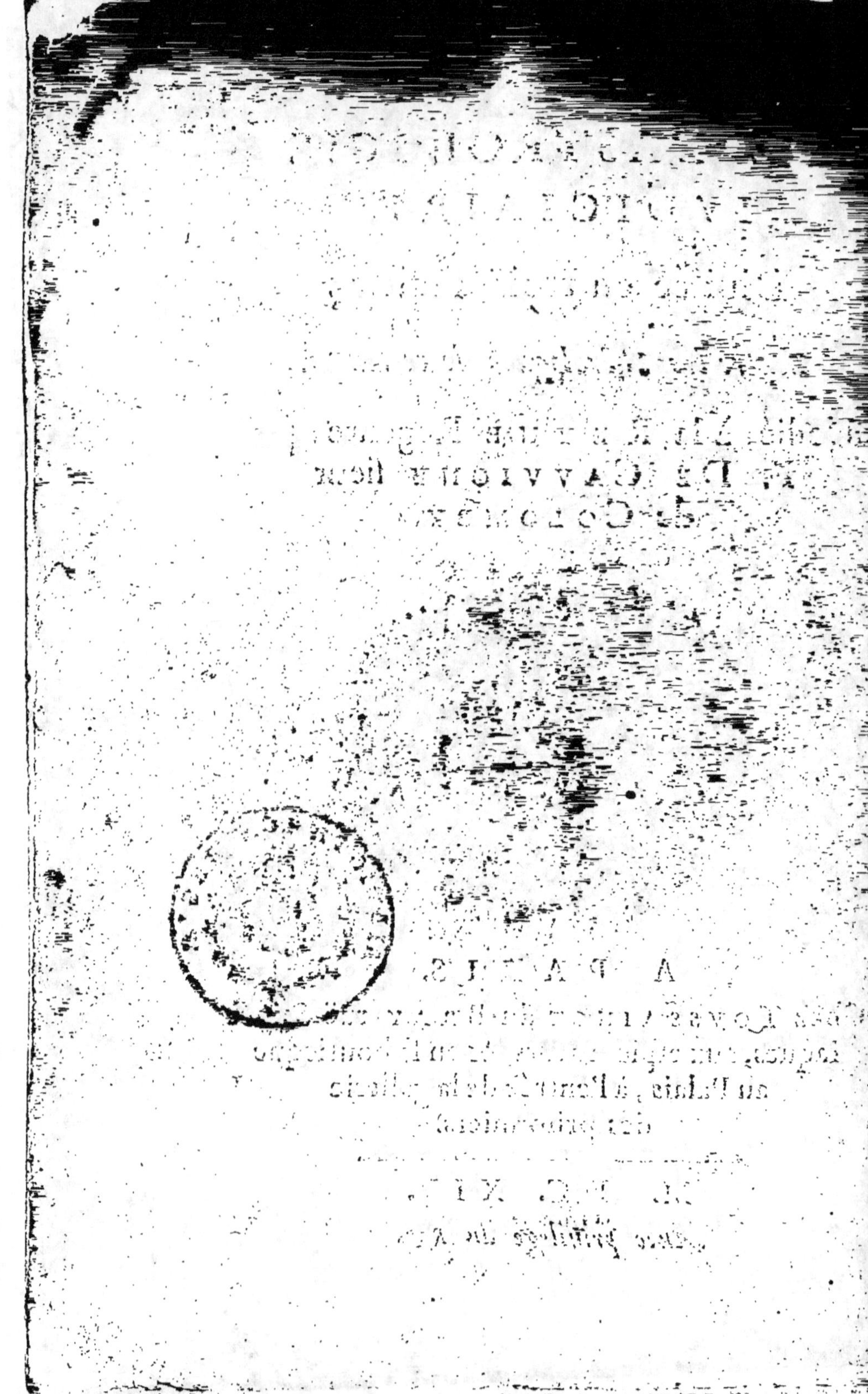

A LA REYNE

MADAME,

Tant que les Astrolo-
gues ne se sont meslez que de iuger des
choses futures qui touchent le mal & le
bien des personnes priuees, ie n'ay daigné prendre la peine d'escrire contre eux,
esperant que les mensonges de leurs predictions seroient assez tost descouuerts
par la verité des euenements ; Mais
quand i'ay veu que leur audace passoit
toute sorte de bornes & de respects, &
qu'ils estoient deuenus si temeraires que

A

de predire les fortunes des Princes, auec
autant d'asseurance, que si Dieu qui
tient les vies & les coeurs des Roys en
ses mains, & qui dispose des Empires,
les auoit appellez en ses plus secrets
Conseils; Quand i'ay recogneu aussi que
ces vaines predictions donnoient vne infinité de craintes aux gens de bien : I'ay
pensé que ie ne pouuois tesmoigner plus
à propos l'affection que i'ay au seruice
du Roy, & de vostre Majesté, qu'en
les refutant. Ie loüe Dieu, Madame, de ce qu'au mesme temps qu'elles
ont mis l'Astrologie en credit, & que
les apparences des mal-heurs dont nous
auons esté menacez ont commencé à se
monstrer, la France ait esté si di-
gnement & si heureusement gouuer-
née, que ceux qui ont donné les pre-
miers Conseils de vous trauerser, &
qui ont voulu descrier le gouverne-
ment de vostre Regence, ont en fin esté

contraincts par la force de la verité, d'en loüer la conduitte, & d'en ad-
mirer les prosperitez. Il n'y auoit
que vostre seule prudence, qui
fust capable de trouuer les salutaires
conseils qu'on a suiuis, & que vostre
bon Ange qui les pust faire si heureusement reüssir. Car qui n'eust iugé
que la France estoit à la veille de sa de-
solation? qu'elle alloit employer ses pro-
pres forces pour se destruire? qu'elle
estoit sur le point de s'enseuelir dans
ses ruines? & qu'il falloit donner des
batailles, auant que de la remettre en
l'estat où elle estoit auparauant? Et
toutesfois vous auez remedié à tous ces
maux auec la seule douceur, sans y
employer le feu ny le fer. Pour le moins
vostre Majesté a recueilly deux grands
biens des dernieres difficultez qu'on luy
a données, en ce qu'elle a experimenté
la constance des bons seruiteurs du Roy,

A ij

& recogneu les mauuaises intentions
de plusieurs qui n'ont rien des François
que la seule apparence exterieure. Car
ainsi que les mesmes tempestes qui trou-
blent la mer esleuent sur l'eau *&* font
paroistre toutes les impuretés qui se te-
noient cachées au fonds durant les
grands calmes ; Ainsi ces mesmes re-
muemens qui ont agité la France depuis quelques iours, vous ont fait cognoistre les mauuaises intentions que
plusieurs cachoient dedans leurs courages durant la tranquillité de la paix.
Il n'appartient qu'à vous, Madame,
de maintenir l'Eglise au milieu des he-
resies, *&* de conseruer la puissance
souueraine contre les desseins qu'on
faict de la raualler. Mais comme Dieu
vous fauorise de deux graces merueilleusement precieuses ; assauoir, de la
vraye religion qui vous apprend à le
seruir, *&* de la Royauté qui vous

donne la puissance de commander ; ainsi
estes vous tenue d'empescher tout ce
qui leur peut apporter dommage, &
de les conseruer cherement. Il n'y a
nul doute qu'elles ne puissent estre of-
fensées par vne infinité de moyens:
mais ie n'en recognois point de si puissant que l'Astrologie Iudiciaire ; &
croy fermement que si les Princes, qui
comme les souuerains arbitres des choses humaines, leur donnent tel prix
qu'il leur plaist, reçoiuent ceste erreur
auec autant de contentement que les
peuples, on adioustera pour l'aduenir
plus de foy aux Astrologues qu'aux
Prophetes, aux mensonges qu'à la verité, & à l'idolatrie qu'à la vraye
religion. Car si nos biens & nos maux
dependent des Astres, à qui consacre-
rons nous des Temples, erigerons nous
des Autels, offrirons nous des sacri-
fices, des prieres, & des voeux plu-

A iij

stost qu'aux estoilles que nous nous
imaginerons auoir la puissance absoluë
de nous rendre miserables ou heureux?
Mais que dis-je, Madame, nous
courons fortune de tomber en vn mal
beaucoup pire que l'Idolatrie; parce que
s'il y a vn destin aux corps celestes, il
n'est point besoin que les hommes se tra-
uaillent à le prier pour le rendre propi-
ce à leurs desirs, attendu que ses decrets
sont irreuocables. La Religion qui af-
fermit les Diademes dessus la teste des
Roys, qui les assiet sur les Trosnes de la
gloire, qui les oingt solennellement, &
qui leur met le Sceptre en la main, estant
ruinée, & l'authorité des liures sacrez
qui nous apprennent que les Princes
Souuerains sont les viues images de
Dieu, estant destruite, comment pourra
subsister l'authorité de nos Rois qui
n'est basie que sur le seul fondement
de la Religion Chrestienne, & ne

consiste qu'en la creance qu'ont les
peuples, que Dieu commande de les
honorer & de les seruir? C'est ce qui
me faict promettre, Madame, que
vous ne fauoriserez iamais de vostre
protection ceste execrable impieté, &
que vous receurez cet ouurage d'autant plus fauorablement qu'il est entre-
pris pour la gloire de l'Eglise, pour le
seruice de mon Prince, pour le bien de
ma patrie, & qu'il est consacré au Roy
& à vostre Majesté, comme aux deux
Anges tutelaires de cet Estat, & comme
aux viues images du Tout-puissant,
lequel ie supplie de combler vos iours de
toute sorte de benedictions, & de me faire la grace de vous témoigner que ie suis,

MADAME,

Vostre tres-humble, tres-obeis-
sant, & tres-fidelle subiect &
seruiteur,

DE COLOMBY.

Peuples que l'on connoît de la
Autorité de la Cour, & de son
Parlement...

MARS

SOMMAIRE DE CE
qui est traicté en ce liure, sui-
uant l'ordre des Traictez, &
des Chapitres.

CHAPITRES DV I.
Traicté, où l'Astrologie est combatuë par l'experience.

QVE les *Astrologues* ne
peuuent auoir aucune
certitude par l'obserua-
tion de l'experience, & qu'ils se
trompent autant aux predictions
generalles qu'aux particulieres.
f. 1

CHAPITRE II.
Qu'il est impossible de cognoistre par
les Astres, ny le temps, ny le
genre de la mort des Princes, ny
des personnes priuees ; & que les
Astrologues ne se trompent pas
seulement aux predictions particulieres de la bonne & mauuai-

se fortune d'autruy, mais aussi en cellesqui regardent leur intherests. f. 9

CHAPITRES DV SE-
cond Traicté, où l'Astrologie est combatuë par authoritez diuines, & humaines.

Que l'Astrologie Judiciaire est per-nicieuse à toute Religion : que les Astrologues sont conuaincuz de ne croire point en Dieu : et que la seulle raison naturelle est suffisante pour monstrer que le monde est gouuerné par vne Prouidence Diuine. f. 1

CHAPITRE. II.

Que l'Astrologie est conuaincuë de fausseté par l'Escriture Saincte : Que les Demons ne peuuent congnoistre certainement les choses futures qui dependent de nostre volonté : qu'il n'est pas mesme en

la puissance des Anges de le sça-
voir, si ce n'est par vne grace particuliere, & que la prescience
n'appartient qu'à Dieu.   f.24

CHAPITRE III.

Que l'Astrologie Iudiciaire est con-
damnee par l'Eglise, refutee par
les Peres, & par les Docteurs
Ecclesiastiques, mesprisee par les
Philosophes, reiettee par les Iurisconsultes, interdicte par les
constitutions des Empereurs : &
qu'elle n'est pas seulement inutille,
mais tres-dommageable à nostre
repos.   f. 35

CHAPITRE IIII.

Que les Astrologues sont ridiculles
en ce qu'ils alleguent de l'origine
de l'Astrologie Iudiciaire : qu'ils
ne sont point d'accord touchant
ses principes : & qu'il apparoist
qu'elle est incertaine par leur propre confession.   f. 48

aux Astres toutes les choses du mõ-
de y auroient plus de part que les
hommes. *f.* 18

CHAPITRE IV.

Que la seule influence du Ciel ne suffit pas à la production des especes
et des indiuidus : qu'il est necessaire que ces causes particulieres y
concurrent. Que quand les Astres
causeroient tous les effects inferieurs, il est impossible à l'homme
de les preuoir, tant pour ce que le
nombre des Etoilles est infini, que
pour d'autres puissantes raisons.
f. 23

CHAPITRE V.

Que le seul exemple des Gemeaux
conceuz, et nez en vn mesme
instant, & qui ont diuerses complexions de corps & d'esprit, et
diuerses fortunes, contraint les
Astrologues d'auouër, ou que les
constellations ne sont point causes

PREMIER
TRAICTE'
DE LA REFVTA-
TION DE L'ASTROLO-
gie Iudiciaire.

Que les Astrologues ne peuuent auoir aucune certitude par l'obseruation de l'experience, et qu'ils se trompent autant aux predictions generalles qu'aux particulieres.

L'Oracle d'Apollõ voyant qu'on auoit inutillement employé toute sorte de Medecins, &

de remedes à la guérifon de la
bleſſeure qu'Achille fiſt à Te-
lephe, luy conſeilla d'auoir
recours a la meſme main qui
l'auoit frappé. Quãd ie voy le
peu d'effect des raiſõs que plu
ſieurs hommes excelents ont
eſcriptes pour guérir les eſprits bleſſez des fauſſes oppi-
niõs de l'Aſtrologie, & quãd
ie conſidere que cette erreur
ne procede que des exemples
des predictions, ie conſeille-
rois volontiers a ces malades
là, de rechercher leur reme-
de aux meſmes exemples.
C'eſt ce qui m'a donné ſubiet
de commencer la refutation
de cette erreur par les teſmoi-
gnages de l'experience, affin

demonstrer que les Astrologues n'y treuuent rien qui les
fauorise : combien que se voyants destituez de la raison
naturelle, ils essayent de s'en
fortiffier, comme d'vn rem-
part. Car ils auoüent franche-
ment que leur art n'est point
fondé sur des demonstratiós
certaines : mais soustiennent
neantmoins qu'il a vne grande certitude fondee sur vn
vsage indubitable : Cho-
se du tout impossible, & que
mesme Ptolomee ne denie
pas : la raison est, que les constellations passees desquelles
on tire la similitude des iuge-
méts, ne peuuét iamais ressé-
bler aux cóstellatiós suiuátes,

dõt il s'éſuit que les predictiõs
ſont fauſſes. Autrement ſi les
meſmes conſtellations qui
ont autresfois eſté retour-
noient maintenant ; Il faudroit qu'elles ramenaſſent les
meſmes choſes, les meſmes
Eſtats, les meſmes Republi-
ques, les meſmes familles, &
les meſmes accidents, qui furent autresfois : de telle
ſorte qu'il y auroit pluſieurs
Alexandres, pluſieurs Cæ-
ſars, pluſieurs Pompeées, pluſieurs Ariſtotes ; ce qui ne
pourroit pas eſtre, & eſtre i-
gnoré. Ils ne peuuent donq
trouuer aucun refuge dans
l'experience quoy qu'ils
puiſſent faire pour l'y rechercher,

cher. Cela m'a faict esmer-
ueiller maintesfois comme ils
se peuuent regarder les vns
les autres sans rire. Il n'y a rien
au mōde ou il y ayt tāt de trō-
perie qu'en leur profession.
Et si l'on confere ce qu'ils ont
predit, auec les euenements,
il se trouuerra cent mille mē-
songes contre vne seulle verité: en laquelle ils ont peu rēn-
contrer par vn hazard ex-
traordinaire. Car comme
il peut arriuer qu'vn homme
ignorant en la peinture, fera
quelquesfois le traict d'vn
œil, d'vne bouche, ou d'vn
nez, en iettāt vn peinceau cō-
tre vne toille, mais il ne fera
iamais vne figure toute entie-

B

re : Ainſi peut-il aduenir que les Aſtrologues prediront quelque choſe par fortune; mais qu'ils y rencontrent ſouuent, c'eſt-ce qu'on ne voirra iamais. Ie ne ſçay comme ils pourroient eſtre veritables aux predictions particulieres d'vn chacun, veu qu'ils mentent tous les iours au gene-talles , comme en celles qui concernent les mutations de l'air , & qui ſont les plus ay-ſees. L'Almanach nous pro-mettoit vn beau-téps le iour de l'Aſcenſion dernier paſſé, neantmoins il tomba de la neige , de la greſle , & de la pluye, de telle façon qu'il ſem-bloit que nous fuſſions enco-

re au fort de l'hyuer. Non seulement les Astrologues de ce
temps se trompent en leurs
iugements ; on voit que
ceux mesmes des siecles pas-
sez s'y sont mépris. Il y en a eu
plusieurs, entre autres vn ap-
pellé Stolferus, qui predirent
qu'il aduiendroit vn si grand
deluge en l'an mil cinq cents
vingt-cinq, qu'on n'en auoit
iamais veu de pareil auparauant. Mais tant s'en faut que
cela soit advenu, les Histo-
ties escriuent que la secheres-
se fut si grande, que l'excessi-
ue ardeur du Soleil brusla
tous les fruicts. Cardan s'est
mocqué de ceste prediction,
& a escript quele mois de Fe-
urier, auquel ceste innonda-

tiõ deuoit arriuer, fut si beau,
qu'on ne vit pas seulement vn
nuage au Ciel ; ce qui n'arriue
que bié peu. Il s'est treuué des
Astrologues qui ont eu tant
de presomption que de predire par les Astres la duree de la
Religion Chrestienne. Vn
entre les autres a escript
qu'elle ne dureroit que quatorze cents tant d'annees. Les
professeurs de cét abus qui vi-
uoient au temps que le Con-
cille de Constance fut tenu,
asseurerent qu'il produiroit
de grãds troubles en l'Eglise :
& neantmoins le succez en
fut si heureux, qu'il l'a mist en
vne pais si profonde, qu'il y a
lõg-temps que l'Eglise ne se
vit plus pacifique.

CHAPITRE II.

*Qu'il est impossible de cognoistre par
les Astres, ny le temps, ny le
genre de la mort des Princes, ny
des personnes priuees; & que les
Astrologues ne se trompent pas
seulement aux predictions particulieres de la bonne & meauuai-
se fortune d'autruy, mais aussi en
celles qui regardent leur interests.*

ES Astrologues vou-
lants recercher la cau-
se de la mort du Roy
Henry II. lequel mourut d'vn
coup delace dont l'esclat luy

entra dedans l'œil par la vi-
fiere de fon cafque, treuuerét
par les regles de leur art, que
la rencôtre du corps de Mars,
& de l'afcédant de ce Prince,
caufa ce tragicque accident,
qui fift qu'vne mefme iour-
nee vit pleurer la France d'a-
legreffe & de douleur : Par ce
qu'ils tiennent que toutesfois
& quantes que l'horofcope
treuue le corps, ou les rayons
de Mars & de Saturne, celuy
en la natiuité duquel cefte ré-
contre fe treuue meurt infail-
liblement par la force de cefte
conftellatiõ. C'eft pourquoy
difent-ils, Henry II. mourut
en l'aage de quarante ans, fix
mois & dix iours. Mais fi ce-

fte rencôtre eſt mortelle, pour
quoy pluſieurs Princes qui
l'ont euë en leurs natiuitez,
ont ils veſcu longuement a-
pres qu'elle a eſté paſſee? comme on le peut voir en l'horoſ-
cope de l'Empereur Maximi-
lian II. de François I. Roy de
France, de Henry VIII. Roy
d'Angleterre, de Sigiſmond
Roy de Polonghe, de Chri-
ſtien, & de Frideric Roys de
d'Ennemarch, du Pape Paul
III. & de pluſieurs autres
de qui les natiuitez ont eſté
faites par les plus renommez
Aſtrologues de leurs ſiécles.
Ces ignorants ſçauent auſſi
peu le genre de la mort, que le
temps. L'Empereur Charles

V. L'Empereur Ferdinand:
Iean Roy de Portugal: Henry
huictiesme Roy d'Angleterre : François I. Roy de France : Iean Frideric, Duc de Saxe : Albert & Ioachim II.
Marquis de Brandebourg:
Philippes , Lantgraue de
Hesse, Le Pape Paul III. Le
Cardinal Bembe , Sadolet,
Aleandre, le Cardinal Ardin-
gelle , Pompee Colomne,
Fabrice Maramalde, Hermo-
laus Barbarus, Beroalde, Eras-
me , & vne infinité d'autres
personnes de toutes sortes de
conditions , mesme Ceresa-
rius Astrologue de son me-
stier, ont tous esté menassez
de morts violentes , & sont
morts

morts de mort naturelle. Au
contraire plusieurs autres per
sonnes de diuerses qualitez
ont eu des morts violentes,
combien que les Astres leur
en promissent de naturelles,
comme François de Gonza-
guë qui fut noyé: le Cardinal
du Chastel qui fut tué par vn
Duc d'Vrbin; le Comte de
Robertet, qui mourut par la
main d'vn bourreau; le Cóte
de Manzole qui fut tué d'vn
coup de canon; Maurice Duc
de Saxe qui mourut de la mesme mort; Charles de Bour-
bon qui fut tué deuant Ro-
me; Leonard Ringadore qui
eut la teste tranchée: Iean Ba-
ptiste Cardan qui eut pareille-

ment la teste tranchee, contre
l'opiniõ de son pere qui estoit
grand Astrologue: Laurens
de Louuain qui fut bruslé
pour son heresie : Branchin
de Mantouë qui fut tiré à 4.
cheuaux. Les Astrologues ne
mentent pas moins en ce qui
touche les autres accidents
qui arriuent aux hommes,
qu'au genre & au temps de la
mort. Cardan ayant faict l'ho-
rocospe de Henry II. qui es-
pousa Catherine de Medicis,
treuua que ce Roy ne seroit
iamais marié. Vn celebre A-
strologue du mesme temps
promist trois grandes choses
a ce Prince: l'vne qu'il seroit
Empereur; l'autre qu'il seroit

heureux en toutes ses entre-
prises, & la troisiesme qu'il
viuroit 69. ans, 10. mois. 12.
iours encore qu'il n'ait vescu
qu'enuiron quarante ans. Ie
ne conseilleray iamais à personne de fōder ses esperáces
dessus les Astres. Toutes les
maximes sur lesquélles les A-
strologues fondēt leurs belles
promesses, sont basties sur de
fausses suppositions. Si la Lune & le Soleil, disent-ils, se ré-
contrēt en vn signe masculin,
ou en quelque pole, & que
toutes les autres planettes
soient Oriétalles du costé du
Soleil, & Occidentales du
costé de la Lune, tous ceux
qui naistront soubs ceste con-

ftellation feront Roys infail-
liblement & regneront long-
téps, quãd mefmes ils feroiẽt
fortis de pauures laboureurs.
Si cela eft vray, Certes il y a
fujet de s'emerueiller que cefte conftellation ait duré l'ef-
pace de 30. iours confecutifs
en la mefme annee que naf-
quit François II. & qu'il y ait
eu fi peu de Rois.   Il faut ou
que la nature qui n'eft iamais
otieufe, ayt efté bien fterille
durant ce temps-là, ou que
cefte maxime foit bien fauffe.
Ie demande aux Aftrologues
la raifon de cela, & pourquoy
l'Empereur Charles V. Ferdinand fon fucceffeur, le Roy
François I. Henry VIII. Roy

d'Angleterre, & Solymam
Prince des Turcs, ont pù re-
gner si long-temps qu'ils ont
regné, n'ayants point esté fa-
uorisez en leur naissance, de
ceste puissante constellation.
Au contraire comme a-t'il pù
arriuer que François I I. à qui
ceste constitutió celeste pro-
mettoit vne si longue puissance, n'ayt regné que quatorze
moys, & 27.iours? Les Astres
menassoient Charles V. d'vne
infinité de malheurs, & toutesfois la bóne fortune l'a tellement accompagné, que nul
Prince de son siecle ne l'a pù
égaller en fœlicité. Marie
Royne d'Angleterre, a qui les
aspects des estoilles deuoient

B iij

faire esperer des faueurs ex-
traordinaires , vne ioyeuse
ieunesse, & vne prosperité admirable , fut si malheureuse,
qu'il semble que sa vie ait ser-
uy comme d'vn iouët à la
fortune. Si ie voulois escrire
toutes les faussetez des predictions des Astrologues , &
toutes les impertinences de
leurs maximes, ie n'aurois iamais assez de temps pour les
reciter, ny les lecteurs assez
de patience pour les lire. C'est
pourquoy ie sortiray hors de
la matiere des exemples, affin
de combatre l'Astrologie par
authoritez diuines & humaines.

Mais auant que de passer
au second traicté; Il ne sera
point mal-à-propos si ie reci-
te deux histoires remarqua-
bles, de deux Astrologues qui
se vātoiét de predire les malheurs d'autruy, & ne purent
preuoir les accidents qui leur
arriuerent : l'vne est d'vn Duc
de Milan qu'vn Astrologue
auoit asseuré qu'il mourroit
de mort violente, & que luy
mourroit de mort naturelle :
Le Duc fist mentir l'Astrologue en le faisāt estrāgler sur le
chāp. L'autre est d'vn Roy d'An
gleterre, qui ayāt sceu qu'il y
auoit vn Astrologue qui faisoit profession de predire les
bōnes & mauuaises fortunes
d'autruy, l'enuoya querir, &

luy demãda ou il passeroit ses
festes de Noël : l'Astrologue
luy dist; Sire ie n'en sçay riẽ: Ie
suis dõq meilleur Astrologue
que vous respõdit le Roy: car
ie suis biẽ asseuré que vous les
passerez dãs la Tour de Lon-
dres; ce qui arriua: car le Roy
l'y fist emprisonner , & par
vne lõgue captiuité, luy dõna
loisir de cõtẽpler les Astres, &
de considerer les faussetez de
l'abus dõt il auoit fait profession. Ie pourrois encore alle-
guer vne infinité d'exẽples ti-
rez de l'ãtiquité pour cõuain-
cre les mésonges de l'Astrologie, mais nous en auons tãt de
modernes, que ce seroit chose superfluë d'en reciter d'a-
uantage.   SE-

SECOND
TRAICTE'
DE LA REFVTA-
TION DE L'ASTROLO-
gie Iudiciaire.

*Que l'Astrologie Iudiciaire est pernicieuse à
toute Religion: que les Astrologues sont
conuaincuz de ne croire point en Dieu: &
que la seulle raison naturelle est suffisante
pour monstrer que le monde est gouuerné
par vne Prouidence Diuine.*

OMME ceux
qui veulét sur
prendre quel
ques Villes,
font ordinai-
emét séblât de les secourir de

A

viures & d'autres cõmoditez,
affin d'abuſer les gardes, & de
faire entrer les ennemis: Ainſi
les Aſtrologues judiciaires
ſous couleur d'apporter quelques biẽs à la vie humaine, trõ-
pent les foibles eſprits, & la rẽ-
pliſſẽt d'vne infinité de maux.
Certes, ie ne croy point quil
y ait vn abus plus perni-
cieux que l'Aſtrologie, ny
qui fourniſſe de plus grandes
& de plus puiſſantes forces à
l'impieté pour combatre toute ſorte de religion: Elle faict
vne guerre ouuerte à la fauſſe
& à la vraye, Elle ne veut point
ſouz-mettre la volonté des
hommes à la loy des commã-
déments de Dieu, ny captiuer

leurs esprits soubs les mysteres
de la foy; elle mesprise la Religion comme vne fiction humaine, & tasche à nous faire se-
coüer le joug de toute puissance, quelque grande & legitime
qu'elle soit, afin de nous assuje-
tir à cette imaginaire domina-
tion des Cieux: bref, elle ne veut
recognoistre aucune Diuinité.
C'est pourquoy sainct Augustin, dit, *Qu'il ne faut pas que
les Chrestiens ny mesmes les
Idolatres, escoutent les Astrologues: car ou tend cette opinion, qu'à persuader aux hommes qu'il ne faut seruir ny honorer aucun Dieu? laquelle impieté ne procede que de ce qu'ils
croyent, qu'il n'est point de

a Lib. 5.
de Ciuit.
Dei. cap.
1.

Dieu. De telle sorte que la foy
de ceux qui se veulent adonner
à la vanité de l'Astrologie est
exposee à de grands hazards.
Car ainsi que ceux qui s'estans
mis dãs quelque petit vaisseau,
pour se donner du contentement & pour voir la mer à leur
aise, se treuuent surpris de quelque forte tempeste, ont beaucoup de peine à regagner la ra-
de d'où ils sont partis ; de mesme quand ceux qui par curio-
sité s'estudient à cét abuz vien-
nent a estre troublez des fausses opinions qui comme des
vents impetueux s'esleuent en
leurs esprits, & les escartent de
la foy, il leur est bien mal-aisé de
de reuenir à la vraye creance.

qu'ils auoient auparauant, &
courent vne grande fortune de
se perdre dãs l'atheisme, qui est
comme l'écueil ineuitable des
curieux. Mais affin qu'on ne
pense pas que i'impute vne ca-
lomnie aux Astrologues de dire qu'ils ne croyent point en
Dieu, ie veux monstrer qu'ils
sont coupables de trois execrables impietez, dont la moindre
les réd criminels de leze majesté
Diuine, & est suffisante pour
faire abhorrer leur profession.
La premiere impieté est en ce
qu'ils attribuent aux constellations du Ciel [b] les miracles que
Dieu a faits volontairement; b *Caietan.*
en quoy ces impies s'efforcent *in sum.*
d'arracher sa crainte de nos *verb. A-*
strorum
obserua-
tia.

A   iij

les merites de la mort de nostre
Seigneur inutiles, nos esperan-
ces vaines, & nostre condition
infiniment miserable ; estant
esgalle à celle des bestes dont
les ames meurent auecques les
corps. Il faut auoüer que les
Payens ont eu de bien plus di-
gnes opinions touchant l'e-
stat de nos ames apres la mort,
Car ils ont creu que les esprits
des gens de bien ioüyssoient
d'vne eternelle fœlicité dedans
les champs Elisées, & que les esprits des meschans estoiét tour-
mentez eternellement dedans
les Enfers. La troisiesme impieté des Astrologues, est en ce
qu'ils nient le liberal arbitre
des hommes, & sans lequel nous
serions

g *Caiet.*
in summ.
verbo.
Astro-
rum obser-
uatio.

ferips du tout incapables d'ac-
complir les loix humaines &
diuines. En quoy ils accufent
Dieu, où d'eftre ignorant, en ce
qu'il n'auroit pas preueu que
nous ne pourrions obferuer fes
commandements, fans le liberal arbitre ; ou d'eftre impuif-
fãt, en ce qu'il n'auroit pas peu
nous deliurer de la tyránie des
Aftres : où d'eftre iniufte en ce
qu'il permet que nous foyons
punis pour des crimes aufquels
les conftellations nous obli-
gent. Car s'il eft vray, comme
ils le fouftiennent, que ce n'eft
point noftre volonté qui nous
faict homicides & adulteres,
que c'eft l'influéce de Mars[a] &
de Venus, qu'elle apparence y

a *Auguft.*
in Pf.61.
Firmic.l.3

B

a-t'il que nous portions la peine d'vn mal que nous ne com-
mettons point de noſtre conſentement, mais y eſtants con-
traints par la violence des Planettes qui dominent deſſus
nous, & qui comme des Tor-
rents impetueux nous empor-
tent malgré que nous en ayós.
Car ſi l'on peut predire nos volontez par les Aſtres, & lire les
choſes futures en leurs aſpects
cóme dás des liures ouuerts, b
il faut que nos actions dépendent des Cieux: ſi nos actions
dépendent des Cieux, nous
n'auons point de liberal arbitre: ſi nous n'auons point de liberal arbitre, nous ne meritons
ny recópenſe, ny punitió. Cet

b *Orig. in*
Geneſ.

te creance trouble plusieurs fidelles, dict Origene, croyants que
rien ne peut arriuer, que comme
les Astres l'ont ordonné : dont il
s'ensuit que nulle de nos actions
ne peut estre iustement loüee ny
blasmée.

Les Astrologues peuuent-
ils offenser d'auantage Dieu
qui est Tout-juste, que de l'accuser d'injustice ? l'accuser, dis-
je, d'vne injustice qui ne se treuue pas mesme entre les hommes : d'autant que les loix humaines ne punissent que les
actions volontaires. ᵈ Chacun
peut iuger de qu'elle pernicieuse consequence est ceste
belle doctrine. Car si la puissance des Astres estoit aussi ab-

*c. libr. 6. de
prapar.*
Euang.

d. Arist
in Ethi.

soluë & aussi vniuerselle que
les Astrologues le disent, les
commandements de Dieu se-
roient injustes, & ridicules; la
Religion inutile; les bonnes
œuures negligées; & comme
Tybere dist en plein Senat à vn
certain débauché, *On ne vou-*
droit plus prēdre la peine de s'ay-
der de son industrie, nul ne se sou-
cieroit de trauailler, si vn chacun
ne craignoit que sa faineantise
ne le rendist miserable, & n'es-
peroit que ses trauaux le feroient
heureux. D'autre-part les Astrologues rauallent infiniment, la
dignité de l'homme, de le vouloir assubjectir aux Cieux qui
n'ont esté faicts que pour son
seruice: tellement que quand

Tacit. an-
nal. lib. 3.

Genes. 1. et
cap. 4.
Dexter.

nos corps seront glorifiez, les
corps Celestes n'auront plus
de mouuemét, par ce que nous
n'aurons plus besoin de leurs
influences. f Les Astrologues *f. Paul. c.*
font encore vn autre grãd pre- *Epist.ad*
judice à l'excelence de l'hom- *ad Roma.*
me de luy vouloir oster la gra-
ce du liberal arbitre parce que
Dieu luy a donné si ample,
qu'il a imprimé en sa nature les
seméces de toutes choses; g de *g. Pic,*
telle sorte qu'en les cultiuant *Mir.l.de*
il deuiét tout ce qu'il luy plaist; *dign.hom.*
s'il se laisse emporter à l'appetit
de ses sens, il deuient vne beste
brute: s'il se laisse conduire par
la raison, il deuient vn animal
Celeste : s'il ayme les choses
spirituelles, il se faict Ange

B iij

& enfant de Dieu. Il m'est impossible que ie puisse dissimu-
ler que les Astrologues font
vne grande injure au Ciel,
quand ils disent que c'est le Senat, où se prénent toutes les re-
solutiõs d'executer des crimes
si execrables & si enormes,
Qu'vne Ville meriteroit d'estre
ruynée de fonds en comble, par
l'ordonnance du genre humain,
dict sainct Augustin, [h] *si on y*
auoit deliberé de pareilles mes-
chancetez. Mais quel tort ont
faict à ces calomniateurs, les
innocentes & bien-heureuses
Intelligences qui meuuent les
Spheres celestes, pour leur imputer qu'elles donnent aux
Cieux certains mouuements

h. *lib.* 5. *de*
Ciui. de
cap. 1.

qui nous incitent à estre meschants ? Si les Astrologues
croyent que les Astres sont inanimez, pourquoy disent-ils
que leurs influéces puissét agir
sur autre chose que sur nos
corps? s'ils croyét que les Pla- *i. Plat. in*
nettes soyét animées, & qu'el- *lib. vtr. st.*
les operent par conseil, qu'ils *aliq. aga.*
me disent qu'elles offenses el-
les ont receuës de nous, pour
nous rendre mal-heureux deuant que nous soyons nez, &
qu'ils me declarent la raison
pourquoy ces substances estãts
diuines & d'autant meilleures
qu'elles sont plus proches de
Dieu, prédroient plaisir à per- *l. Plat. in*
secuter nostre inocence, & à *Tim. &*
nous procurer des maux qu'à *Plot. ibid.*

peine les plus meschâts hômes
du monde voudroient faire à
ceux qui ne les auroient point
offenſez. Que ces prophanes
qui calomnient Dieu, & ſes
plus excelétes œuures par leurs
ſacrileges impietez, alleguent
tout ce qu'ils voudront pour
ſe iuſtifier du crime d'Atheiſ-
me duquel ils ſôt côuaincuz, ils
ne nous peuuent perſuader
qu'ils croyent en vn Dieu, puis
qu'il ne croyent pas qu'il ſoit
accôpagné des qualitez con-
uenables à ſon eſſence. Car
comme celuy nieroit que le
Soleil fuſt Soleil qui ne vou-
droit pas accorder que c'eſt vn
corps lumineux, qui diſtingue
les ſaiſons par ſon mouuemét,

qui

qui donne le iour par sa lumiere, & qui produit toutes choses par sa chaleur ; Ainsi les
Astrologues nient que Dieu
soit vray Dieu, niants qu'il ait
crée le monde par sa puissance, qu'il le gouuerne par sa sagesse, & le conserue par sa bõ-
té. De telle sorte qu'on voit
clairement qu'ils n'ont autre
but que d'oster aux hommes
l'opinion de la Diuine Prouidence, dont l'image est si pro-
fondement grauée dans nos
ames, & s'y viuement portrai-
cte en toutes les parties de l'V-
niuers, qu'à peine je me puis
imaginer qu'il se treuue des
cœurs s'y endurcis, & des es-
pris s'y aueugléz, qu'ils n'en

ayent là cognoissance & le
sentiment. Ceste verité est
si naturelle que les payés mesme l'ont cognuë, encore qu'ils
l'ayent cachée soubs les voilles
de leurs fictions : car ils ont
reduit le Destin, la Necessité,
les Parques, & la Fortune, souz
le pouuoir de la Prouidence.
Il semble qu'on n'ait point be-
soing de precepteur pour ap-
prendre qu'il est vn Dieu.
Que si vn siecle à produict
quelque monstre prodigieux
entre les hommes, qui du-
rant le vēt fauorable des prosperitez n'ait point recongnu
de Dieu, il a esleué les yeux
au Ciel si tost qu'il s'est veu agité par les tempestes, & que

les frayeurs de la mort, & les
messages d'vn prochain nauffrage l'ont faict pallir d'horreur; & les afflictions comme
des tortures violentes l'ont
contraint de confesser que le
monde est gouuerné par la co-
duite d'vne Diuine Prouidéce.
Les petits enfants qui sont en-
cores pédus a la mamelle acco- Psalm. 8.
plissent les louanges du Tout-
puissant. Bref les nations les
plus recullées, & qui ignorent
toutes choses, n'ignorét point
la Diuinité. Car comme elle a
voulu que tous les hommes la
cognoissent, affin qu'ils l'ayment, & qu'ils l'ayment pour
estre vnis auecques elle; Aussi
a-t'elle rendus si facilles les

moyens de la congnoistre,
qu'aucun pretexte d'ignorance ne nous en peut excuser,
C'est pourquoy elle a estallé
tãt de merueilles en l'Vniuers,
que nous voyons des marques
de sa sagesse en quelque part
qu'on puisse ietter les yeux. Et
tout ainsi que quãd nous voyons quelque magnifique mai-
son Royalle, bastie d'vne belle
architecture , & accõpagnee
de tout ce qu'on sçauroit desi-
rer en vn batiment Royal, soit
pour le plaisir, ou pour la necessité; nous nous imaginons
incontinent l'esprit de l'Ar-
chitecte, par la beauté de l'architecture; ainsi quãd nous re-
gardons le monde que Dieu à

crée pour la demeure de l'hóme, & qu'il a formé auec vne si
belle cymetrie, & enrichy de
tant d'ornements diuers, nous
nous imaginons aussi tost l'ex-
cellence de l'ouurier par l'ex-
cellence de l'ouurage, Il n'appartient, comme dit, le Philosophe Plotin, [m] qu'à ceux qui
n'ont, ny sens, ny iugement, *m. lib. de*
Propid.
d'attribuer à la fortune & au
hazard, la cause de la consisté-
ce de l'Vniuers. Cette lourde
& pesante masse de la terre
miraculeusementsuspéduë au
milieu de l'air, cette mer qui
semble vouloir inonder la terre, & qui comme retenuë par
la force d'vn respect merueilleusement puissant, ne passe

point les limites qui luy sont
prescris : cette region de l'air
ou se forment, les Foudres, les
Cometes, & vne infinité d'autres impressions ; ce feu qui ne
consomme point les choses
qui luy sont contigues ; Ces
mouuemets des astres si iustes,
& si reglez qu'on ne les peut
imputer à l'aduanture, sont-ce
pas des tesmoignages euidents
qu'il faut qu'vne Diuinité pre-
side au monde, & en contien-
ne toutes les parties en leur deuoir ? La naissance des choses
naturelles nous faict-elle pas
congnoistre qu'il faut qu'vne
puissance infinie leur ait donné l'estre ? Leurs differentes
nous fot-elle pas iuger que ce-

te mesme puissance infinie les
a partagées; ayant donné aux
vnes le simple estre, aux autres
la vie, aux autres le sentimét,
& aux autres la raison. Athée
esleue tes yeux de la terre iusqu'au Ciel comme par des de-
grez, & tu verras Dieu ainsi
que Iacob le vit en l'eschelle
qui luy apparut en dormant.^m
S'il est doncques vne Prouidence Diuine, ainsi que la
raison naturelle nous le faict
cognoistre, comme se peut-
il faire que l'Astrologie Iudiciaire soit certaine, attendu
qu'elle n'est fondée que sur
ceste impieté, à sçauoir qu'il
n'est point de Dieu?

m. Genes.
*cap.*28.

CHAPITRE II.

Que l'Astrologie est conuaincuë de fausseté par l'Escriture Saincte: Que les Demons ne peuuent congnoistre certainement les choses futures qui dépendent de nostre volonté; qu'il n'est pas mesme en la puissance des Anges de le sçauoir, si ce n'est par vne grace particuliere; & que la prescience n'appartient qu'à Dieu.

OMME le sommaire de la doctrine des Astrologues est reduit en ces deux poincts; l'vn, que les Astres sont causes de toutes choses;

choses; l'autre, qu'ils sont signes euidents & certains de
l'aduenir: Aussi treuuons nous
des armes dedans la saincte Escriture pour combattre ces
deux erreurs. Quant à la premiere, le Prophete Hyeremie
nous aduertit de ne craindre
point les Cieux, *Ne prenez pas*   *a.Cap.10.*
le train des nations, & ne vous
effrayez nullement des Astres
dont les peuples sont espouuātez.
Quāt à l'autre point qui regarde les predictions, l'Escriture
nous en denie du tout la certitude. *Annoncez les choses futu-*
res, dit Esaye, *Et nous congnoi-*   *b.Cap.41.*
strons que vous estes Dieux.
Dieu parlant par la bouche du
mesme Prophete. *Ie suis l'Eter-* *c.Cap.44.*

D

nel qui diſſipe les ſignes des men-
teurs, qui rēds les deuins furieux,
qui tourne les ſages à rebours, &
qui fais que leur ſcience ſe cōuer-
tit en folie. Et derechef le meſme Prophete en autre lieu,
Le mal tombera ſur toy, & igno-
reras d'où il viendra: et vne ca-
lamité que tu ne pourras expier,
fondra deſſus toy. Par leſquelles
paroles le Prophete accuſe les
Aſtrologues, de deux grandes
temeritez: l'vne de preſumer
qu'ils puiſſent predire l'aduenir par l'Aſtrologie: l'autre de
s'imaginer qu'ils détourneront
les maux, & confirmeront les
biens promis par les Aſtres.
Dieu ſe mocquāt des Babylo-
niens, & des Chaldeens adon-

nez à l'Astrologie Iudiciaire,
& predisát la destructió de Babylone par la bouche du mes-
me Prophete tiết ces ᵈ propos, *d. Isa. ca.*
Que les Augures qui prenoiết gar 47.
de au Ciel, qui contemploient les
Astres, & supputoient les moys,
pour t'anoncer l'aduenir, te deli-
urent maintenant: L'Homme
(dit Salomon) ᵉ ne peut sçauoir *e. Eccl. c.*
de personne ce qui peut arriuer. 10.
Et derechef, parlant encore de
l'ignorance de l'Homme, ᶠ *Il f. In ca.8.*
ignore ce qui est passé deuant luy:
qui luy pourra declarer ce qui
doit aduenir apres? Les Demõs
ne sont point plus doctes que
nous en la science du futur:
Car si le malin esprit eust peu
preuoir l'aduenir, il n'eust pas

D ij

g. *In li. de Oraculis exrelat. Euseb. lib. 6. de præp. Euang. c. 4.*

confessé. Porphyres escrit, que ce demon estoit quelquesfois tellement importuné des demandes qu'on luy faisoit, qu'il estoit contraint de dire à ceux qui le pressoient trop, *qu'il ne leur pouuoit rendre aucune responce certaine pour l'heure, & que les mouuements des Astres ne luy fournissoient point de matiere pour parler.* Oenomanus,[b]

b. *Euseb. l. 5. de præp. Euangel. cap. 5.*

estimé grand Orateur & grãd Philosophe entre les Grecs, fut tant de fois abusé par cét Oracle, qu'il refuta la faulseté de ses responces. Si les Demós qui sont si sçauants en la cognoissance des Cieux, ne peuuent preuoir l'aduenir ; comme est-il possible que l'hom-

me le puisse predire, attendu
que bien souuent il ignore la
nature de ce qui est le plus proche de ses sens? Comment
donq pourra-t'il sonder les
profonds abysmes de la sagesse eternelle? *qui peut congnoistre
ses conceptions,* dit sainct Paul, *i. Rom. 11.*
ou qui a esté son Conseiller? Qui *l. Isa. 40.*
sçaura ce que tu penses, dit la Sap.
Si ton esprit ne luy est enuoyé
par toy des lieux tres-haults? m *m. Sapiët.*
                                        cap. 9.
Les Theologiens tiénent que
non seulement les Demons
ignorent les choses futures
qui dépendent de la volonté
des hommes, mais que les
Anges mesmes ne le sçauent
point, si ce n'est par vne grace
particuliere. Si ces esprits bié-

heureux qui voyent Dieu en
face, qui ne font point offuf-
quez de ce voile corporel,
dont nous fommes enuelop-
pez, & qui ont vne parfaicte
cognoiffance des Cieux , ne
peuuent congnoiftre cette ef-
pece d'auenir qui dépend de
nos volontez , fi ce n'eft par
vne fpecialle faueur ; comment le pourrons nous predire par les Aftres , attendu
que nous ne fommes encore
qu'en l'efperance de la vifion
de Dieu , & que nos ames
prifonnieres dedans nos corps
materiels , comme en des ca-
uernes tenebreufes, ne voyent
que par les petites ouuertures
de nos yeux? Il ne faut point
nous

nous trauailler d'auantage aux
predictions de l'aduenir : quãd
nous aurons employé toute
noſtre vie a cette eſtude, nous
n'y apprédrons autre choſe ſi-
non qu'on ny peut rien appré-
dre. La preſcience^a appartient
proprement à Dieu : mais ſans
qu'elle nous aſtraigne à aucune neceſſité. Il ſe faut bien gar-
der de faire la faute qu'à faict
Ciceron, ^b lequel pour oſter le
deſtin des hommes, a nié la
preſcience de Dieu, & en nous
voulant rendre libres nous à
rendus ſacrileges, *Car de croi-*
re, dit ſainct Auguſtin, ^c *qu'il y*
ait vn Dieu ignorant de l'adue-
nir c'est vne follie toute viſible:
Et de vouloir oſter aux hom-

E

a Auguſt.
lib. 5. de
Ciuit. Dei
cap. 9.

b lib. 2. de
Diuinat.

c. lib. 5. de
Ciuit. Dei
cap. 9.

mes le franc-arbitre en attri-
buant la prescience à Dieu,
c'est vne damnable impieté.
Car comme dict Origene, [a] *les
choses n'arriuent pas à cause que
Dieu les a preueuës : mais Dieu
les a preueuës, par ce qu'elles deuoient arriuer. Car comme c'est
le propre de nostre volonté d'ordonner des choses futures, c'est le
propre de la prescience de Dieu,
de cognoistre ce que nostre volonté doit ordonner.*

[a] In Ge-
nes.

CHAPITRE. III.

Que l'Astrologie Iudiciaire est condamnée par l'Eglise, refutee par les Peres, & par les Docteurs Ecclesiastiques, mesprisee par les Philosophes, reiettee par les Iurisconsultes, interdicte par les constitutians des Empereurs : & qu'elle n'est pas seulement inutille, mais tres-dommageable à nostre repos.

A Insi que les bónes meres qui sont soigneuses de leurs enfants, prennent garde qu'ils ne portent rien de sa e dans leur bouche, & auec les

menasses des verges, leur def-
fendent de toucher ce qui leur
peut faire du mal : Ainsi l'E-
glise la mere cõmune de tous
les fidelles, qui vueille inceſsã-
ment pour le ſalut de ſes enfants, & qui a vn ſoing parti-
culier qu'ils ne ſe contaminẽt
d'aucunes erreurs , leur a def-
fendu l'Aſtrologie Iudiciaire,
ſur peine d'ẽ eſtre ſeuerement
chaſtiez. Nous liſons dans les
Actes des Apoſtres, ᵃ que pluſieurs de ceux qui furent con-
uertis en Epheſe par les predi-
cations de ſainct Paul, & qui
s'eſtoient laiſſé emporter à de
trop grãdes curioſitez, appor-
terent leurs liures qui furent
bruſlez en la preſence de tous

ᵃ cap. 19.

les fidelles: Lesquels liures, selon qu'escrit sainct Augustin, *a Commēt.*
traictoient de l'Astrologie Iu- *in Psal.*
diciaire. Luy mesme ne voulut
pas reconcilier vn Astrologue
à l'Eglise, sans que l'Astrologue eust fait vne publique sa-
tisfaction auparauant. *Combien pensez-vous*, disoit ce
grand Euesque, *b* en la preséce *b. Psal. 61.*
des assistans & du criminel,
*que cet abuseur ait tiré d'argent,
des Chrestiens? combien de personnes ont acheté ses mensonges?*
S. Epiphane *c* rapporte qu'A- *c. Lib. de*
quila fut retranché de l'Eglise *mens. &*
par les Peres à cause qu'il s'adó- *prud.*
noit à l'estude des natiuitez, &
a autres semblables supersti-
tions. Le Pape Alexandre troi-

siesme suspendit du ministere de l'Autel durant l'espace d'vn an, vn certain Prestre, parce qu'il auoit essayé auec l'Astro-labe a decouurir vn volement faict à vne Eglise. [a] Les Conci-les, les Peres, [b] les Theolo-giens, & les Canons, condam-nent expressément [c] l'Astrolo-gie Iudiciaire. [d] Les Iurscon-sultes [e] la rejettent. Les loix Romaines ont quelquesfois

a Concil. Trid. lib. damnat. Reg. 6. & bulla Six. V.P.M. côtra Ast. b C. Illud C. Illos, C. Sed & Illud, 26. quæst. 2. C. Igitur. 26.q.3.C non liceat 26.q.5.C. 2. de sorti-leg. c Euseb. lib. 6. de prep. E-

uäg. Basil. ho. in Gen. 8. et ser. in princip. Prou. D. Chr. in c. 2. Mat. D. Amb. lib. 4. Hexa. c. 4. Aug. l. 2. D. Genes. ad litteram cap. 17. & l. 2. de Doctr. Christ. cap. 21. & l. 5. de Ciuit. De. et homel. in Psal. 61, De Gregor. Homel. de E-pipha. Ioan. Salieberiens: l. 2. Polycrat. cap. 19. 24. et 26. d Diuus Thom. 22. quæst. 95. art. 5. S. Bonanent. in centi-loquio. D. Antonin. 2. part. tit. 12. c. 1. §. 6. Petr. de Taret. Richa. Palud Gabr. Mat. in 4. sentent. Guillelm. Paris. tract. de legib. Ioann. Francis. Pic. l. 5. de Pranot. Iul. Si-ren. l. 9. de fato Michael Medin. lib. de rect. in Deum fide cap. 2. &c. e Io. Aud. Abbas. Anch. Annani. Tur-recremat. Alber. Rosat. Troil. Maluetius. Bald. Salicet. Grilland. Letoyheri.

puny du dernier supplice
ceux qui faisoient profession
de cét abus. Les Philosophes
l'ont mesprisé par leur silence,
ou refuté par leurs écris. Ocel-
lus, Leucanus, Platō, n'en ont
aucunēment parlé. Aristote
en a faict si peu d'estat, qu'il
n'en a daigné dire vn seul mot,
aux lieux ou la matiere le sem-
bloit conuiera en faire men-
tion. On ne pourroit pas dire
qu'vn si grand & si celebre
Philosophe eust ignoré que
sō deuoir l'obligeoit à en traicter, s'il eust creu que la puissance des Cieux fust si grande, & l'Astrologie Iudiciaire,
si certaine que rien ne peust
estre faict ny congnu icy bas

que par les influences, & par
les aspects des Astres. Car il
n'é a dit vn seul mot aux liures
ou il recherche les proprietez
des corps celestes, ou les causes des choses inferieures : có-
bié qu'il y eust peu dire vne infinité de belles choses sur les
Astres & sur les Cieux. Il n'en
dit rien en ses Metheores, ou il
recherche les causes des Comettes, des vents, des pluyes,
& des autres impressions de
l'air. On ne me sçauroit monstrer qu'il en parle aux liures
de la Generation, où il auroit
dû attribuer aux Astres, la
cause des enfantements prodigieux, & des Gemeaux.

Il n'en parle point en ses Mo-
ralles,

ralles, ou il discourt de la bō-
ne & de la mauuaise fortune.
Alexādre d'Aphrodisée, n'en
a parlé en aucune façon en
son liure de la Destinee, qu'il
dedia à Seuerus. I. & à
son fils Antonin. Quant aux
Philosophes qui l'ont atta-
quée ou refutée le nombre
en est fort grand. Socrate n'a
fait aucune estime de l'Astrologie. Il disoit ordinairemēt,
rapporte Eusebe, a *Qu'il n'appartient point aux hommes de
rechercher la cognoissance des
choses futures, qui dependent
de la volonté de Dieu; & que la
Diuinité ne prenoit point de
plaisir à voir que les mortels
ussent trop curieux de sçauoir*

F

a lib. 14. de
præp. E-
uang. et
Xenoph.
lib. dedict
Socrat.

ce qu'elle veut tenir ſecret. Cér-
tes ce n'eſtoit pas ſimplement
parler en Philoſophe, mais
en Chreſtien. Eudoxus diſci-
ple de Platon a attaqué l'A-
ſtrologie. Plotin, a grãd Plato-
nicien, la refutée apres y auoir
eſtudié. Origene ne la nõ plus
eſpargnée; elle a eſté cõbatuë
par pluſieurs autheurs tant
modernes qu'anciens. Mais
quand les Decrets de l'Egliſe
ne l'auroient point condamnée cõme vne execrable impieté ; quand les Peres & les
Docteurs Eccleſiaſtiques ne
l'auroient point reprouuée,
comme vn abus contraire à la
parole de Dieu ; quand les
Philoſophes ne l'auroient

point refutée comme vne erreur, ou m'esprisée comme
vne chose ridicule; quand les
Empereurs ne l'auroient pas
interdite comme estant dom-
mageable à la vie humaine;
la deuons nous pas mespriser
parce qu'elle est inutille?
Elle ne nous peut apporter
aucune sorte de soulagemét.
Car comme dit Phauorinus, a
Les Astres causent ou signifient a *Gell. lib.*
les effects de toutes choses; s'ils *14. cap. 1.*
sont causes des euenements hu-
mains, dequoy nous sert-il de co-
gnoistre ce qu'on ne sçauroit
changer? s'ils en sont les si-
gnes, quel bien nous reuient-il
de preuoir des accidents in-
euitables? Les hommes heu-

reux, dit Ariſtote, *n'ont point beſoing de Conſeil* ; par ce que leur bonne fortune eſt plus puiſſante que toutes les deliberations humaines.   C'eſt pourquoy elles ſeroiēt inutiles, quãd nos fœlicitez & nos malheurs dependroient des Aſtres. Neantmoins les Aſtrologues nous promettent de détourner les maux, & de cõfirmer les biens promis par les Cieux. En quoy ils ſe contrediſent viſiblemēt. Car il reſulte de leurs principes, vne Deſtinée, qui eſt à leur cõpte, l'ordonnance incommutable des Aſtres; & neantmoins ils aſſeurent qu'ils la changeront par les promeſſes qu'ils nous

font de nous rendre heureux.
s'il y a vne Destinée au Ciel qui
est-ce qui la peut changer? s'il
ny en a point, & que nos a-
ctiõs, & nos fortunes dependent en partie de Dieu, en
partie de nous, en partie des
Anges, en partie des Demons,
en partie des accidents hu-
mains, qui est-ce qui peut predire les choses futures? l'A-
strologie Iudiciaire n'est pas
seulement inutille, mais tres-
dõmageable au repos des hõ-
mes ; de quoy qu'elle nous
puisse asseurer, nous n'auons
tousiours que du mal. Car si
es aspects du Ciel que nous
nous imaginons tournez en
nostre faueur, nous prometét

F iij

des prosperitez, & qu'ils nous
trompent, serons nous pas
miserables de les auoir atten-
duës en vain? S'ils nous me-
nassent d'infortunes, & qu'ils
mentent, nous nous serons
rendus malheureux par no-
stre crainte, auant que nous le
soyons par nostre destin? S'ils
nous promettent du bon-
hœur, & qu'il nous arriue,
nous nous serons tourmen-
tez d'impatience, & l'espe-
rance de long-temps con-
ceuë, dit Phauorinus, [a] aura
moissonné les fruicts de la
ioye qui nous deuoit arriuer.
Quand donc l'Astrologie seroit aussi certaine, qu'elle est
trompeuse, qu'elle verité

a *Gell.lib.*
14.*cap.*11.

peut estre plus vtillement i-
gnoreé que celle de l'aduenir? S'y d'autre part elle est
fausse, comme l'Escriture
Saincte, & la raison naturelle nous le tesmoignent, quel
mensonge peut-estre plus iustement combatu?

pas croire qu'elle ait esté inspirée en l'ame d'Adã. Qu'Ionicus ait esté fils de Noé, il ne se peut faire, parce que Noé n'eut que trois fils, à sçauoir Sem, Cham, & Iaphet. Moyse, Iosephe, ny Philon, n'en mettent point dauantage, & n'y a aucun autheur Hebrieu, Annaliste, ny aucun Interprete de la loy de Moyse qui en mette plus de trois. Il n'y a qu'vn seul ecriuain sans reputation, qui parle de cet Ionicus, à sçauoir vn certain Methodius, qui n'est pas celuy que sainct Hierosme à mis au nombre des hommes Illustres. Quant à ce que les Astrologues disent qu'Abra-

ham apprist l'Astrologie aux
Egyptiens, ie l'aduouë; mais
il ne leur enseigna pas l'Astrologie Iudiciaire, refutee par
Moyse, & par les Prophetes
qui suyuoient les traditions
d'Abraham. Cette malheu-
reuse, & maudite erreur est
vne pure inuétion des Chaldeens qui de l'Astronomie fi-
rent vne cheute en l'Astrologie Iudiciaire. Les Prestres
de Babylone furent appellez
Chaldeens, à cause que le
peuple Chaldeen tenoit le
premier lieu en ceste profession: mesme le mot de Chaldeen signifioit Astrologue,
comme le mot d'Arabe signifioit larron, & comme le mot

G ij

de Chananeen signifioit
marchand.

C'est en cette significatió,
que l'ót pris le Prophete *a* Daniel *b* Iuuenal, & AuleGelle. *c*.
Ce venin s'espandit de ceste
nation en Egypte, d'Egypte
en Grece, mais sans auoir aucun accez au Licee, ny en l'A-
cademie. Des Grecs il vint
aux Arabes, & depuis a infe-
cté l'Espagne, l'Italie, la France, & vne infinité d'autres re-
giós. I'ay biévoulu traicter de
só origine, de peur que quel-
qu'vn s'imaginát que l'Astrologie eust esté inspiree de
Dieu & pratiquee par cés SS.
hómes dót i'ayparlé, ne se laiſ
ſaſt emporter plus facillemét

a Daniel.
Proph. 2.
Verſ.2.
b Iuuenal.
Satyr.6.
c Aul
Gell.lib.1.
Noct.att.
cap.9.

à cette erreur. Tout ainſi
donq que toutes choſes pa-
roiſſent blanches à ceux qui
cheminent dans les neiges, à
cauſe que l'habitude de la blã-
cheur eſtãt receuë dans leurs
yeux, trãsforme en ſon eſpe-
ce tous les objects qui s'y pre-
ſentent. Ainſi les Chaldéens
continuellement addonnez
à la contemplatiõ des Aſtres,
auoiẽt la fantaſie tellemẽt ré-
plie de leurs images, qu'ils
penſoient voir des Aſtres en
toutes choſes; de telle ſorte
qu'il leur attribuerent les cauſes de tout ce qui arriue icy
bas. Non ſeulement la curio-
ſité de contenter leur eſprit,
les fiſt addonner à ceſte eſtu-

G iij

de, mais le soing de faire leur
fortune, & de se mettre à leur
ayse. Car voyants que les
Princes mesprisoient l'Astronomie, & qu'ils ne se sou-
cioient point de sçauoir les
mouuements des Cieux, ny
des planettes, ny des estoilles,
ils s'imaginerét qu'ils ne pou-
uoiét trouuer vn plus facille
moyé de s'aduancer pres des
Roys, que de rechercher vn
art par le moyen duquel ils
leur promettroient d'accroi-
leur grandeur, de predire les
choses futures, d'asseurer les
biens, & de destourner les
malheurs promis par les
Cieux. Mais ces Astrologues
n'auoient pas bié leu dans les

Aſtres, où il faut que les Aſtres
les ayent trompéz. Car ils ont
eſté ſi mal recongnus de leur
trauail, que iamais on ne leur
a erigé de ſtatuës, ny faict les
honneurs qu'on a faicts aux
Poëtes & aux Orateurs. Ce
qui eſt vne conjecture viſible
de l'incertitude de leur art.
Car s'ils auoient faict gaigner
des batailles, & conqueſter
des Empires, comme ils pro-
mettét, eſt il a preſumer que
les Princes aux entrepriſes
deſquels ils auroiét fait touſ-
jours preſider la fœlicité, les
euſſent banny de leurs Eſtats,
& qu'ils euſſent vſé d'vne ſi
grande ingratitude enuers
des hommes, auſquels ils de-

uoient de si grandes obliga-
tions?

Aussi Ptolomee aduouë li-
brement, qu'on se peut trom-
per aux predictions, non seulement par l'ignorãce, ou par
la negligēce des Astrologues,
mais par la faute de l'Astrologie. Les Arabes & les
Hebreux n'en denient point
l'incertitude. Car sans qu'on
leur donne la question, ils cō-
fessent que tout ce qu'vn A-
stre promet n'arriue pas in-
failliblemēt, soit pource que
la matiere n'est pas disposée à
receuoir l'influence, ou pour
ce que la plus grande partie
des choses humaines dependent de nostre volonté.

Au

Au reste quiconque veut
voir batre Astrologue contre
Astrologue, & nation contre
nation, il n'a qu'à lire les écris
de ceux qui ont traicté de ceste erreur. Ils ne s'accordent
iamais de leurs principes. Ptolomee reuerse l'Astrologie des
Egyptiens, comme n'estant
aucunement conforme à l'experience, n'y à la raison. Les
Egyptiens se font la guerre les
vns aux autres, & combatent
la doctrine des Chaldéens. Les
Chaldéens ne sont pas ensem-
ble en meilleure intelligence.
Les Indiens assaillét toutes ces
nations. Les Perses disputent
contre toutes, & contre les
Indiens. Les Barbares sont bã-

H

dez contre les Grecs , & les
Grecs contre les Barbares. Do-
rothee admet ce que Ptolomee reiette. Paulus à son opinion a part: Hepheſtion à la ſié-
ne. Les Arabes ſont acharnez
contre les Arabes, & les Grecs
contre les Grecs. Albumazar
meſpriſe les eſcripts de Ptolomee, Auerodã les admire. Aue-
nazra attaque Ptolomee, & Albumaſar; Albumaſar, & Albius
reprennét par tout Ptolomee,
d'auoir attribué aux Aſtres les
qualitez elemétaires. En quoy
l'õ voit qu'ils ne ſont pas moins
ridiculles en ce qui regarde les
principes de leur pretenduë
ſcience, qu'en ce qui en con-
cerne l'origine.

SECOND
TRAICTE'
DE LA REFVTA-
TION DE L'ASTROLO-
gie Iudiciaire, où elle est
combatuë par raisons Phi-
losophiques.

CHAPITRE I.

*Que les Cieux sont incorruptibles; & que les
Astres n'estants point de la nature des Elements, il s'ensuit necessairement que les principes de l'Astrologie sont faux.*

PRES auoir comba-
tu l'Astrologie Iudi-
ciaire par authoritez
diuines, & humaines; Ie la

veux combatre par la Philo-
fophie, affin de monftrer l'in-
nocence des corps celeftes, &
l'ignorance des Aftrologues;
en faifant voir, que les influences du Ciel ne font point cau-
fes particulieres de tout ce qui
arriue icy bas, ny fignes euidents & certains de l'aduenir.
Ie commenceray par la nature
du Ciel, affin que nous con-
gnoiffions s'y elle eft telle,
qu'elle puiffe caufer des effets
fi pernicieux, & s'y eftranges
que ceux qui luy font attri-
buez. De toutes les raifons
qu'on a alleguées fur ce fubjet,
ie n'en trouue point de fi puif-
sätes que celles d'Ariftote. C'a
efté le premier qui a fouftenu

que les Cieux eſtoiét compo-
ſez d'vne quinte-eſſence ſi ex-
cellente, que le temps qui con-
ſume toutes choſes ne la pouuoit alterer. De fait, il y a beaucoup d'apparence que com-
me les Princes Souuerains
octroyent ordinairement des
immunitez, & des franchiſes
particulieres aux villes capi-
tales où ils font leur reſiden-
ce, & où ils font paroiſtre
d'auantage la ſplendeur de la
Royauté ; qu'ainſi Dieu le
Roy des Roys, & le Seigneur
des Seigneurs, qui tient l'Em-
pire de l'Vniuers, qui eſt pre-
ſent en tous lieux, & qui neāt-
moins à comme eſtably le
Throſne de ſa gloire dedans

les Cieux , & y faict éclatter
les plus belles, & les plus illustres marques de sa grandeur,
les ait voulu fauoriser de quelque grace specialle , & leur ait
dóné le priuilege d'estre exépts
de la corruption. à quoy est
subject tout ce qui est compo-
sé des quatre premieres qualitez. La difference qui est entre
le Ciel, *a* & les elements, nous
faict voir à l'œil qu'il a quelque nature plus digne, & plus
releuee. Car tous les elements
estants pesants ou legers , se
meuuent en bas, ou en haut:
mais les Cieux ne sont ny pesants, ny legers : s'ils estoient
pesants, ils auroient leur mouuement en bas comme la Ter-

*a Arist.
lib.1.de
cælo.*

re : s'ils eſtoient legers, ils l'auroient en haut, comme le feu :
ce qui ne peut-eſtre, par ce
qu'ils ont le mouuement circulaire, & qu'vn corps ſimple
ne peut auoir qu'vn mouuement ſimple. D'auantage tous
^b les elements ſont capables   b *Ibid.*
d'acroiſſement, & de diminu-
tion, comme on le voit en
l'eau, laquelle eſtant congelee
reçoit de moindres dimēſiōs,
& n'occuppe pas tant de lieu
que celle qui ne l'eſt pas : Or
que les Cieux ne s'augmentēt,
ny ſe diminuent, il apparoiſt
clairement en ce qu'il y a ſi
long temps que le monde eſt
monde, & que les Aſtres ſont
touſiours égaux, & qu'on n'a

iamais remarqué qu'vn mouuement s'y long, s'y perpetuel, & si rapide les ait aucunement alterez. I'ay prouué
que les Cieux sont incorruptibles , les Astres sont parties des Cieux, ils sont donq
incorruptibles ; & par con-
sequent l'Astre de Saturne,
n'est point froid & sec; celuy
de Venus froid & humide;
celuy de Mars, chaud, & sec;
à cause qu'ils seroient corruptibles s'ils auoient les qualitez des elements, par ce qu'e-
stans contraires, elles se de-
struiroient les vnes les autres,
comme nous voyons que le
feu consumme l'eau, & que
l'eau esteint le feu, dont il s'ensuit

suit que les principes de l'A-
strologie sont faux, à raison
qu'ils sont fondez sur les fausses opinions, qu'ont les Astrologues, que les Etoilles sont
de la nature des elements.

CHAPITRE II.

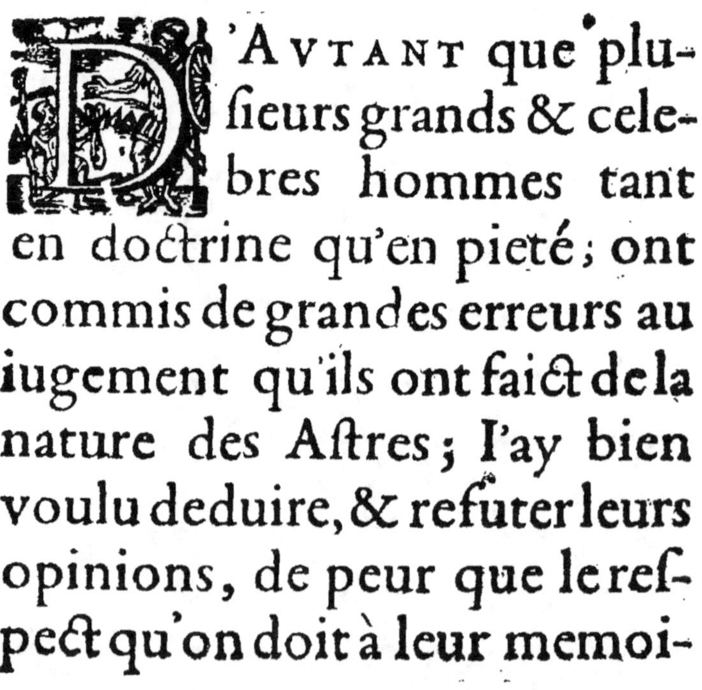

'AVTANT que plu-
sieurs grands & cele-
bres hommes tant
en doctrine qu'en pieté; ont
commis de grandes erreurs au
iugement qu'ils ont faict de la
nature des Astres; I'ay bien
voulu deduire, & refuter leurs
opinions, de peur que le respect qu'on doit à leur memoi-

re, ne donne occasion à quelques vns de faillir à leur exemple. Platon ⸰a creu que les E-
ſtoilles eſtoient de feu; C'à eſté
la creance des Egyptiens, d'A-
naximandre , d'Anaxagore :
meſmes de ſainct Auguſtin,
de ſainct Baſile, & de ſainct
Ambroiſe , laquelle opinion
peut eſtre combatuë par les
raiſons dont ie me ſuis ſeruy
pour renuerſer les principes
de l'Aſtrologie : Car les Aſtres
ſeroient corruptibles s'ils e-
ſtoient de feu : d'autre-part, le
mouuement du feu tend touſiours en haut, mais ceſte eſ-
peçe de mouuemét ne ſe treuue iamais aux aſtres parce qu'il
faudroit que le circulaire leur

I ij

fuſt violét, ce qui n'eſt pas parce qu'il leur eſt touſiours egal
& perpetuel. L'Vniuers ſeroit
conſummé dés il y a lóg-téps ſi
les aſtres eſtoiét de feu. A cauſe dequoy certains autheurs
ont eſcrit que Dieu auoit mis
des eaux ſur le Firmament,
pour téperer l'exceſſiue chaleur des Eſtoilles.   Tous les
Stoiques, *d* & Pline *e* ont eſti-
mé que s'eſtoient des lampés
ardantes, qui ſe nourriſſoient
des vapeurs attirees par le Soleil, & argumentoient de là
que le monde ſeroit vn iour
conſummé par vn embraze-
ment vniuerſel, lors que ces
corps flamboyants n'auroient
plus de nourriture.   I'eſtime

*d Cicer. l.
2. de nat.
Deor.
e lib. 2.
cap. 9.*

auec Aristote f que cette opinion est plus digne des petits
enfants que des Philosophes.
Car les vapeurs qui sont attirees par le Soleil, ne montent
pas iusques aux Astres, mais se
conuertissent, en pluyes, en
neiges, & en autres impressions g quand elles sont esle-
uees en la region de l'air. Si ceste creance estoit veritable, il
s'ensuiuroit, que comme le feu
qui s'entretient par la nourriture se change à tous propos,
il s'engendrast vn nouueau
Soleil, non seulement tous les
iours, comme croioit Heracli-
te, mais mesme à châque moment, & que les Astres appa-
russent plus grands, où plus

f lib. 2. de Meteor.

g Arist. in Meteor.

I iij

petits selon qu'ils auroiēt plus ou moins de nourriture; on n'y remarque toutesfois aucune inegalité. Origene[h] a creu que les Estoilles estoiēt viuātes, & que nostre Seigneur est mort en partie pour leurs offenses, en partie pour celles des hommes. Les Sectateurs de Pythagore & de Platon,[i] Aristote[k], les Stoyques, Philon[l] Iuif, Auicéne, & Simplicius[m] ont creu que les Astres estoiēt animez. Sainct Augustin[n] n'a point voulu resoudre ceste question. Caietan[o] n'a point

[h] *Lib. 1. περὶ ἀρχῶν.*
[i] *Tom. 1. commētario in Ioa.*
[k] *Plat. in Epinomide.*
[l] *Aristot. lib. 2. de cœl. text. 13. et 61.*
[m] *Lib. de Opificio Mund. lib. de somn. et li. de gigantib.*
[n] *Simplic. in comment. super text 50. 1. lib. de cœl.*
[o] *Diuus August. lib. de Genes. ad litteram. cap. 18. & 58. Enchirid. lib. 1. Retractation. cap. 5. et 11. vbi recedit, ab opinione quam lib. de immortalit. Anim. cap. 15. & lib. 6. de Music. cap. 14.*

faict difficulté de dire que les Cieux auoient vn intellect. S. Basile, *p* Sainct Ambroise, *q* S. Cyrille, *r* sainct Damascene, *s* Lactance Firmian , *t* & sainct Hierosme, se sont inscrits contre ces opinions. Ie ne puis cōprendre, dit le Stoyque Lucilius dedans Ciceron, que ceste constance qui est aux Astres, ne procede point d'vne intelligēce. Mais ie ne me veux seruir d'autre raison pour refuter ceste erreur, que de celle mesme dont ce Stoyque se sert pour la soustenir. Car il se fonde sur l'egalité du mouuement des Astres. Tāt s'ē faut que ceste raison le fauorise, elle mōstre qu'ils ne sont point animez

p. Caiet. in explicat. p. 135. q Basil. homil. 13. in Genes. Ambros. lib.2. Hexam. cap. 4. r. Cyril. lib. 3. contra Julia. s Damas. lib.2. cap. 6. t Lactant. Firm. cap.5. li.2. u. Hiero. Epist.56. ad Auit. et lib. 13. comment. in Isa. ca. 45.

mez : s'ils auoient des ames,
leurs actions seroient libres, &
seroient portez tantost d'vn
costé, tantost de l'autre, sans
aucune necessité, comme les
hommes qui vont deçà & de
là, parce que leurs actions
sont volontaires. Le mou-
uement des Estoïlles n'est pas
tel. Il est necessaire par ce
quelles obeyssent à certaines
loix qui leur sont prescriptes.
Elles sont constantes en leurs
cours, non qu'elles agissent par
leur conseil propre, mais par la
volóté de Dieu. Elles se meuuent par raison, mais la raison
de leur mouuement est en l'esprit T'out-puissant qui les fai
mouuoir, & ne sçauent non
plu

a *Lactãt.*
firm.lib.
2.cap.3.

plus à quel office ils les em-
ploye, que l'eguille d'vne mô-
ftre, à qui l'Horloger fait marquer les heures, côgnoift à
quel vfage il l'a fait feruir. Si les
Aftres eftoient animez, il les
faudroit honorer & comme
Sainſts, & comme bien-heureux : neantmoins Dieu la def-
fendu de peur que l'efprit des
hommes eftant rauy d'admira-
tion en voyant la beauté du
Soleil, de la Lune, & des autres
Aftres, ne les adoraft, & ren-
dift de l'honneur aux chofes
qu'il a creées pour feruir a toutes les natiôs qui font foubz le
Ciel. Si les Aftrologues tiennent que les Eftoilles font des
creatures qui obeyffent à la vo-

b *Deut.*
cap. 4.

k

lonté de Dieu, pourquoy cro-
yent-ils que Dieu qui est
tout bon, leur commande de
faire des actions si meschan-
tes, comme d'inciter les hommes à souiller leurs mains
dans le sang de leur prochains,
& de contreuenir aux loix de
ses commandements ? S'ils
croyent que les Astres sont
Saincts & bié-heureux, pourquoy leur attribuent-ils des
passions qui troubleroiét leur
beatitude, & repugneroient
à leur saincteté ? S'ils croyent
que ce sont des intelligences
qui agissent librement, pourquoy ne changent elles pas
leurs mouuements ? Si ce sont
des corps inanimez, sur quel-

le raison se fondent les Astrologues, comme ie leur ay des-
ja dit, pour croire qu'ils puissent agir sur autre chose que
sur nos corps?

c *Plotin.
li. virum.
stell. aliq.
agan.*

CHAPITRE III.

Que les Cieux n'agissent sur les choses inferieu-
res que par le mouuemēt & par la chaleur:
que le mouuement celeste est la cause vni-
uerselle de tous les mouuements inferieurs:
& que s'il y auoit vn destin aux Astres
toutes les autres choses du monde y auroient
plus de part que les hommes.

E n'est pas sans
raison qu'Ari-
stote a dit, que
les choses bas-
ses sont conti-
gues aux superieures, afin quelles en tirent leur puissance, &
leur vertu:par ce qu'il y a comme vne cheine de causes, atta-

chées les vnes aux autres, par
vn certain ordre eſſentiel : de
telle ſorte que les ſecondes ont
leur dependance des premieres, & que les ſuperieures agiſ-
ſent plus puiſſamment que les
ſubalternes. La verité de ceſte
propoſition apparoiſt en pluſieurs choſes, mais ſurtout au
mouuement du Ciel; Car tout
ainſi que l'agitation du cœur
fait mouuoir toutes les parties
du corps humain, ainſi le mouuement celeſte fait mouuoir
tout ce qui ſe meut icy bas. La
Nature produit cét effect par
vn ordre merueilleux. Le premier mobille cómunique ſon
mouuemét aux autres Cieux;
des Cieux inferieurs il paruiét

à l'Aether, & à la plus haute region de l'air, & de là à toutes
les choses inferieures. Or que
la cause de ce mouuement soit
vniuerselle, l'experience nous
l'apprend , en ce que nous
voyons qu'au mesme temps
qu'vne pierre tombe en bas, &
qu'vne etincelle de feu s'esleue
en haut , cela se faict par la vertu d'vn mesme mouuement
celeste qui agit égallement
sur ces deux mouuements có-
traires. La puissáce de se mouuoir simplement procede du
Ciel, comme d'vn principe
vniuersel; la diuersité du mouuement procede de la nature
de châque chose , comme
d'vn principe interne & parti-

culier: Car le mouuement
haut qui est au feu, procede de
la nature particuliere du feu:
celuy de la Terre de la nature de la Terre. En quoy
l'on recognoist que les Astrologues contreuiennent à leur
maxime, quand ils disent, que
tous les mouuements infe-
rieurs dependent du mouuement celeste, & qu'ils soustiennent neantmoins qu'il en est la
cause particuliere : Car s'il
meut toutes choses, comme ils
l'auoüent, il s'ensuit qu'il est
cause vniuerselle. Or la cause
vniuerselle ne distingue point
les effects, ce sont les causes
prochaines qui les determi-
nent: Ce qui se voit en la pro-

duction des choses qui sont
differentes d'espece & de genre. Car toutes sortes de plantes & d'animaux[a] naysset sous
le mouuement d'vne mesme
constellation en quantité in-
nombrable, & en mesmes
lieux : tant les varietez sont
grandes en leurs progrez, en
leurs actions, & en leurs passions. Veu donc qu'on voit,
Hommes, Tygres, Lyons,
Elephants, Aigles, Poissons,
& Plantes, naistre soubs vne
mesme constellation, qu'elle
apparence y a-t'il de vouloir
attribuer au mouuement du
Ciel, la diuersité de leur nature, qui ne procede que de la
varieté de leurs semences?

CHAP. 4.

[a] *Diuus Ang.lib. 5. de ciuit. de cap. 3.*

CHAPITRE IV.

*Que la seule influence du Ciel ne suffit pas
à la production des especes & des indiuidus : qu'il est necessaire que les causes particulieres y concurrent. Que quand les
Astres causeroient tous les effects inferieurs, il est impossible à l'homme de les
preuoir, tant pource que le nombre des
Etoilles est infiny, que pour d'autres puissantes raisons.*

A INSI que la seule in-
fluence du Ciel ne
suffit pas à la gene-
ration de qüelque chose que
ce soit, par ce qu'il faut que
les causes particulieres y concurrent ; car le Soleil seul n'e-
gendre pas l'homme ; de mes-

L

me pour auoir vne parfaicte cognoiſſance des effects particuliers & futurs; la ſeule cognoiſſance du Ciel ne ſuffit pas aux Aſtrologues. Il faut qu'ils ſçachent toutes les cauſes ſingulieres; mais ils n'en peuuent cognoiſtre la varieté, par ce qu'elle eſt infinie; ny ſçauoir certainement les contingentes, parce qu'elles ſont incertaines; ny la proprieté particuliere des corps celeſtes, parce que la quãtité en eſt innõbrable. Ce qu'outre l'experience, l'Eſcripture Sainĉte nous teſmoigne.

a Cap. 15. Geneſ.

Dieu fiſt ſortir Abraham, & luy diſt : regarde le Ciel, et conte les Etoilles ſi tu peux, ainſi

sera ta posterité; Et en vn autre lieu[b], Comme on ne peut
conter les Astres du Ciel, ny
nombrer le sable de la mer, ainsi
ie multiplierai la semence de
Dauid mon seruiteur. Celuy
qui a crée les Astres, en peut
seul cognoistre le nombre;
C'est lui[c] qui conte la multitu-
de des Etoilles, et qui leur im-
pose des noms. Il ne faut pas
croire seulement qu'on les
puisse toutes veoir[d] Car tât
plus on les regarde subtile-
ment, & tant plus on en ap-
perçoit: Ce qui faict croire
qu'il en eschappe quelques
vnes à ceux-mesme qui ont
es yeux plus aigus. Aratus,
& Eudoxus se sont vantez

b Hyer.
cap. 31.

c Psf. 146.

d Aug. li.
16. de ciu.
Dei c. 23.
Basil. ho.
3. in Gen.
& Euseb.
lib. 7. de
prapara.
Euang.
cap. 23.

d'en sçauoir la quantité. Platon e, Aristote, f Seneque, g & plusieurs autres Philosophes, ont ingenument confessé qu'il est impossible à l'hóme d'acquerir ceste congnoissáce. Si dõq on ne peut sçauoir le nõbre des Etoilles, sera-t'il possible qu'on puisse iuger de la diuersité de leurs influences? Comme c'est vne grande presomption à l'homme d'en péser sçauoir la quátité, aussi est-ce vne grande erreur que de croire que toute la vertu celeste soit restrainte aux sept Planettes, & à quelque peu d'autres Etoilles, veu qu'elles sont toutes de mesme nature, & que les Astrologues mes-

e *Plat. in Timæo.*
f *Arist.li. lib.de mund. ad Alex.& lib.2.de cœl.text. 61.*
g *Senec.li. 6.nat. quæst.*

mes confeſſent qu'il y en a mille 22. en l'huitieſme Ciel, &
que la moindre eſt beau-
coup plus grande que toute la
Terre. Dieu & la Nature n'ót
rien faict en vain. C'eſt pourquoy il ne nous faut pas imaginer que tous ces Aſtres ſoiét
inutilles. S'il y auoit vn deſtin
aux Cieux, les beſtes & les
plantes, y auroient plus de
part que nous, parce qu'elles
ſuiuent l'appetit de leur nature, & que n'ayant point de
raiſon ny de volonté, elles auroient moins de repugnance
aux loix du deſtin. Qui a-t'il
^h de plus ridicule, & de plus ^h *Aug. li.*
inepte que ce qu'alleguent les *5. de ciuit.*
Aſtrologues, a ſçauoir que la *Dei ca.3.*

L iij

raiſon fatalle du Ciel ne regarde que les hommes, afin qu'ils
tyranniſent les hommes?
Toutes choſes ayās donc part
à la deſtinee des Aſtres, qui
eſt-ce qui pourroit diſcerner
ceux qui agiroient ſur les
plantes, d'auec ceux qui agiroient ſur les animaux, & de
rechef ceux qui agiroient ſur
les hommes d'auec ceux qui a-
giroiét ſur les beſtes, & de plus
ceux qui agiroient ſur les
indiuidus des hommes, des
beſtes, & des plantes? Quand
auſſi, les Aſtrologues cōgnoi-
ſtroiét toutes les vertus particulieres des Etoilles, qui pou-
ra ſçauoir de combien l'aſpect
d'vne planette fauorable, di-

i *Phauor.*
apud Gel.
li. 14. 6a. I.

minuera l'influence d'vne planette malheureuse, & de cô-
bien vn Astre malin amoin-
drira les effects d'vn bô Astre?
Le corps humain n'est côposé
que de 4. humeurs côtraires,
neantmoins le plus sçauant
homme de la Terre, ne sçauroit congnoistre la vraye quâ-
tité de chacune; comment
pourrons nous discerner les
rayons celestes, dont la lumiere est si semblable, la quantité si infinie, & le meslange s'y
confus ? Ie ne sçay comme
les Astrologues ont l'impu-
dence de vouloir predire le
futur par l'obseruation du
petit nombre d'Astres , dont
ils se vantent de cognoistre

les vertus singulieres, veu
que les effects de ceux qu'ils
congnoiſſent, peuuent eſtre
empeſchez par la puiſſance de
ceux qu'ils ne congnoiſſent
pas. C'eſt pourquoy quãd les
Cieux cauſeroient tous les effects inferieurs, il ne ſeroit pas
en noſtre pouuoir, d'en acquerir vne congnoiſſance particuliere, & moins encore de
predire les choſes futures.

CHAP.

CHAPITRE V.

Que le seul exemple des Gemeaux conceuz, et nez en vn mesme instant, & qui ont diuerses complexions de corps & d'esprit, & diuerses fortunes, contraint les Astrologues d'auouër, ou que les constellations ne sont point causes des choses inferieures, ou qu'il est du tout impossible d'obseruer le vray temps de la naissance.

SI la diuersité de nos corps, de nos sexes, de nos humeurs, de nos fortunes, de nos vices & de nos vertus

M

dependoit de certains mouuements du Ciel, il faudroit
que les Gemeaux qui font có-
ceuz & nez en mefme temps,
& tous ceux qui naiffent fouz
vne mefme conftellation, fuf-
fent d'vn mefme fexe, & fe ref-
femblaffent en toutes chofes,
& que ceux qui naiffent fouz
des cóftellatiós diffemblables
fufsét diffemblables en tout:
Neátmoins l'experience nous
fait voir tout le cótraire. Pro-
clus[a] & Eurifthenes, tous deux
Gemeaux, & Roys de Lacede-
mone, furent du tout diffe-
réts, & en la gloire des actiós,
& en la mort. Iacob & Efaü
eftoient Gemeaux, conceuz,
& nez en mefme téps, [b] tou-

a *Cicer. l.*
2. de diui-
nat. et
Aug. l. 5.
dei cap. 3.

b *Paul.*
Rom. 9.

tesfois quelle reſſemblance
ont-ils euë en toutes choſes?
L'vn eſtoit hay de ſa mere, l'autre cherement aimé : L'vn
vẽdit le droiƈt de ſa primoge-
niture, l'autre l'acheta. Quelle difference y auoit-il encore
entre les autres circonſtan-
ces de leurs perſonnes & de
leurs vies ? Il faut aduouër
qu'Hyppocrate eut bien plus
de raiſon que le Stoyque Poſ- *c Auguſt.*
ſidonius ; Car voyant deux *lib. 5. de ci.*
freres qui auoient tant de *de cap. 3.*
ſympathie, qu'ils eſtoiẽt ſains
& malades en meſme temps ;
Il coniectura auſſi toſt qu'ils
eſtoient Gemeaux, alleguant
pour ſes raiſons , que les humeurs où eſtoient leurs pa-

rents alors qu'ils les engendre-
rent , auoient pû demeurer
aux principes de leurs conceptions, de telle sorte que les
principes ayant pris leur ac-
croissement dedans le ventre
de la mere, pouuoient cau-
ser ceste grande conformité
qui se treuuoit aux mouuements de leur bône & de leur
mauuaise disposition : Ioinct
qu'ils auoient esté nourris en-
semble en vn mesme air , de
mesmes aliments , & accou-
stumez à mesmes exercices; ce
qui peut beaucoup sur le tem-
perament du corps, au iugement des Medecins. Le Stoyque Possidonius grandement
addonné à l'Astrologie Iudi-

ciaire, dist que ceste similitude
d'humeurs, procedoit de ce
qu'ils estoient nez soubs vne
mesme costellation. En quoy
il estoit mal fondé; par ce qu'il
faudroit que par la mesme raison, tous les autres Gemeaux
se resemblassent en tout; Ce
qui n'arriue iamais, car nous
voyons quelquesfois qu'ils
sont de sexe diuers, que l'vn
meurt ieune & que l'autre vit
longuement, que l'vn meurt
de mort naturelle, l'autre de
mort violente, que l'vn est
marié, que l'autre ne l'est
point, que l'vn ayme les lettres, & l'autre les armes, que
l'vn s'addonne au vice, l'autre à la vertu, que l'vn finit

M iij

sa vie sur la mer, l'autre sur la
Terre. *Ie ne sçai* (dict sainct
Augustin [d] , *parlant de ces*
Gemeaux) *quelle insolence il*
faut auoir pour attribuer à la
constitution du Ciel, & des A-
stres, ceste conformité de mala-
dies; veu que tant de choses qui
sont de si diuers genre, qui ont de
si differentes affections, et des
euenements si dissemblables, ont
pù estre conceuës & nées en mes-
me temps, et en vne region sci-
tuée soubz vn mesme Ciel.
Tout le refuge des Astrologues est à la rouë de Nigidius
quand ils se voyent pressez de
respondre à cette obiection
Le mouuement du Ciel (disent-ils) est si rapide, que le

constellations se changent en
vn momét, & produisent des
effects contraires. Ce qu'ils es-
sayét de persuader par la rouë
de Nigidus, qui pour repre-
senter la velocité du mouuement des Cieux, fist de toute
sa force tourner vne rouë à
potier, & essaya de marquer
deux poincts auecques de l'é-
cre en vn mesme endroit durant que la rouë tournoit, puis
quand le mouuement fut ces-
sé, il les treuua fort esloignez
l'vn de l'autre. Mais qui est-ce
qui ne voit l'impertinence de
ceste comparaison, & que les
Astrologues sont conuaincus
d'erreur quelque opinió qu'ils
ayent du mouuement des

Cieux? Si les Gemeaux naiſſent ſi ſoudainemét l'vn apres
l'autre, qu'il n'y ait point d'in-
terualle entre leurs naiſſances;
ie demande qu'ils ſoient conformes en toutes choſes: Ce
qui ne peut-eſtre; parce que la
nature n'a pas voulu qu'il y
euſt rien de ſi ſemblable aux
choſes humaines, qui ne diffe-
raſt par quelque proprieté. *e*
Car on ne ſçauroit trouuer
vne perſonne ſi conforme à
vne autre en quoy que ceſoit,
en laquelle il ne ſe treuue des
differéces ſi particulieres quel
les ne cōuiénent à aucune autre. *Si les Gemeaux naiſſent*
ſoubs diuerſes conſtellations, Ie
demande, dit ſainct Auguſtin,
qu'ils

e Quinti-
lian.

Lib. 5. de
ciuit. De.
cap. 3.

qu'ils ayent diuers parens, ce qui
ne peut-estre aux Gemeaux: S'y
le mouuement des Astres est
si rapide qu'il change les constellations par sa violence in-
croyable, qui est-ce qui peut
obseruer le vray temps de
la naissance ? Il faut que les
Astrologues soient côtraincts
de confesser qu'il est du tout
incomprehensible. Si on esti-
me, dict sainct Gregoire, que g Homil.
Iacob & Esaü, ne sont point nés 10. sup.
Euang.
soubs vne mesme constellation,
parce qu'ils ne nasquirent point
en mesme temps, mais l'vn apres
l'autre, il faut iuger par la mesme raison, que nul homme ne
naist tout entier soubs vne mesme constellation. Car il ne sort

pas tout à fait hors du ventre de
la mere, mais peu à peu, et membre apres membre ; premieremēt
il paſſe la teſte, puis le col, incontinent apres, l'eſtomach, et en fin
les pieds. Mais la naïſſance de
Iacob a eſté contigue à celle d'E-
ſaü, Iacob tenāt ſon frere par la
plante du pied. Ainſi autāt que
nous aurions de membres, autant auriōs nous de deſtinees.
Si le moment, ou l'homme
en naiſſant reçoit ſon deſtin,
eſt ſi petit & ſi rapide, que pluſieurs perſonnes ne peuuent
naiſtre en vn meſme poinct, &
ſous le cercle d'vn meſme ciel,
pour eſtre conformes en toutes choſes, & ſi les Gemeaux
n'ont pas meſmes fortunes en

leur vie, parce qu'ils n'ont pas veu la lumiere en vn mesme instant, ie requiers l'Astrologues qu'ils me respondent par quel moyen, ils pourront obseruer, & comprendre ce temps dont le cours est si volage, qu'à peine il peut-estre conceu par la pesee, veu qu'ils disent, que les plus petits momens, apportent de si grandes mutatiós à la course si soudaine des iours & des nuicts.[h] Ils n'ót point de responce cótre la force de ces arguments, & l'experience nous faict voir tout le contraire de ce qu'ils disent. Car cóme nous voyós plusieurs personnes conceues & nées en mesme temps, tout

N ij

h *Phauo-rinus apud. Gell. lib.14. ca. 1.*

tes differentes, de fexe, de Religion, d'humeurs & de qualitez, Auffi en voyons nous vne
infinité qui font nées fouz di-
uerfes conftellations, auoir
pareilles fortunes, comme
ceux qui font nauffrage dedãs
vn mefme vaiffeau, qui font é-
crazez foubs les ruines d'vn
mefme edifice, engloutis dans
mefmes abyfmes, tuez en vne
mefme bataille: Par où il appa-
roift que le mouuement du
Ciel n'a aucune puiffance particuliere fur nos volontez, ny
fur nos fortunes, & que quãd
nos deftinees depédroiĕt des
Aftres qu'on croit dominer à
noftre naiffance, il eft du tout
impoffible aux hommes d'en

pouuoir iustement obseruer
le temps, à cause que le mouuement du Ciel est si violent,
& si rapide, que les constellations sont plustost changees
par l'incomprehensible vites-
se des corps cœlestes, que cô-
ceuës par nos esprits.

CHAPITRE VI.

Que la chaleur qui provede de la lu-
miere des Astres, est la cause vni-
uerselle de la production de toutes
choses, & que les effects du Soleil
et de la Lune sont plus sensibles
& plus puissants que ceux des au-
tres corps cœlestes.

APRES auoir parlé du
mouuement du Ciel,
il faut traicter de la
chaleur qui procede de la lumiere des Astres. Les Astres
sont les plus épaisses parties
des Cieux ; Ils n'en different

qu'en la lucidité & en l'espais-
seur, ne plus ne moins que l'eau
glacée ne differe de celle qui
ne l'est pas qu'en ce qu'elle est
plus luysante & plus ramassée.
Cette chaleur qui procede de
la lumiere des Étoilles est tellement necessaire à la generation de toutes choses , que la
Nature ne s'en peut passer : elle
contient toutes les qualitez e-
lementaires par simple eminé-
ce, comme le mouuemét circulaire contient tous les mouuemets : Sa puissance est si ex-
cellente & si souueraine quelle conserue l'Vniuers en mo-
derant les quatre premieres
qualitez, & en engendre toutes choses en les meslant : Et

comme les parties des corps,
lesquelles ont des contrarie-
tez ne se contrarient point en
la semence dont elles sont có-
posees ; Ainsi les premieres
qualitez n'ont aucune repugnance les vnes aux autres,
en tant qu'elles sont côtenuës
en ceste chaleur generatiue,
combien qu'elles se repugnét
en l'impure & abiecte matiere des choses inferieures. Son
effectne paroist pas seulemét
vniuersel en la generation des
elements, mais mesmes en
tout, ce qui en est engendré,
cóme aux impressions de l'air,
desquelles la varieté ne prouient pas de la chaleur celeste,
mais de la diuersité de la matiere

tiere surquoy la chaleur agit.
Car le Soleil esleue quatre sortes de vapeurs de l'eau & de la
terre. La premiere est vne va-
peur seche laquelle montant
iusqu'à la plus haute region de
l'air, s'enflamme prez de la
sphere du feu ; Elle forme
les impressions ignees comme
les Comettes. La seconde est
chaude & humide, qui à cause qu'elle simbolise auecques
l'air, se conuertit facillement
en sa substance, si elle n'en est
empeschee par vne grande
froideur. La troisiesme est
froide & seche, elle cause les
vents & les tremblemens de
terre. La quatriesme est froide & humide ; elle cause les

C

impreſſions aquatiques, les
vnes par côdéſatio, (s'il m'eſt
permis d'vſer de ce terme) cô-
me la pluye, & la rozée : Les
autres par congelation, comme la neige & la greſle. Les
corps inanimez les plus ex-
quis, comme les pierreries &
les metaux, ſont affinez par la
vertu de ceſte meſme chaleur.
C'eſt elle pareillement qui diſtingue les ſaiſons ſelon l'eloi-
gnement ou la proximité
du Soleil, non par la nature
des ſignes imaginaires de l'A-
ſtrologie. Car il ne nous bruſ-
le pas quand il eſt au ſigne du
Lyon, à cauſe que ceſte partie
du Ciel eſt chaude, mais parce que le Soleil y eſtât, eſt plus

proche de nous. Il excite ordinairement, les tonnerres lors
qu'il est au signe du Belier, nõ
que les tonneres procedent
de la qualité de ce signe: mais a
cause que l'humidité de l'hyuer se dissout par la chaleur
du Soleil, qui esleue vne grã-
de quantité de vapeurs dont
se forment, les foudres & les
pluyes. Ceste mesme chaleur
engendre nos corps, *Car le Soleil et l'homme*, dit Aristote,
engendrent l'homme. Bref il n'y
à rien à quoy elle ne mette la
main : C'est pourquoy on la
peut appeler auec iuste tiltre,
l'ouuriere de toutes choses.
Qu'elle ne soit cause vniuerselle, on ne le peut pas nier :

Car nous voyons quelle produit en mesme temps auec les
causes secondes vne infinité
de choses de differente nature : Et comme ce n'est point le
feu qui reduit en forme de Ba-
lustre, de Colomne, de Cha-
piteau, d'Homme, de Nym-
phe, & de Siluain, vne masse
de metail , combien qu'il la
fonde, ce sont les figures particulieres des moulles : Ainsi
n'est-ce point la chaleur celeste qui imprime les differen-
ces aux indiuidus, & aux especes , ce sont les causes prochaines qui les determinet, &
qui en côcurrant auec la chaleur du Soleil, font que l'homme naisse de l'homme, & de

telle côdition en tât qu'il naiſt
de tels parents, & qu'il eſt accompagné d'autres circonſtã-
ces particulieres. Soit donq
que la chaleur celeſte procede
de toutes les lumieres des A-
ſtres, ſoit qu'elle deriue du Soleil, qu'elle apparence y a-t'il
que les Aſtrologues attribuét
tant de pouuoir à vne ſeule
Planette qu'ils s'imaginét dominer ſur la conceptió ou ſur
la naiſſance des hommes, attẽ-
du que s'il falloit attribuer la
production des effects ſublu-
naires a quelque Aſtre, il y
auroit plus de raiſon de la rapporter au Soleil qu'aux autres
Eſtoilles, à cauſe que ſa lumie-

L iij

re est si proche & si copieu-
se, & sa vertu si puissante & si
manifeste ?

CHAPITRE VII.

Que les Astres ne peuuent estre les si-
gnes des choses dont ils ne sont
point les causes.

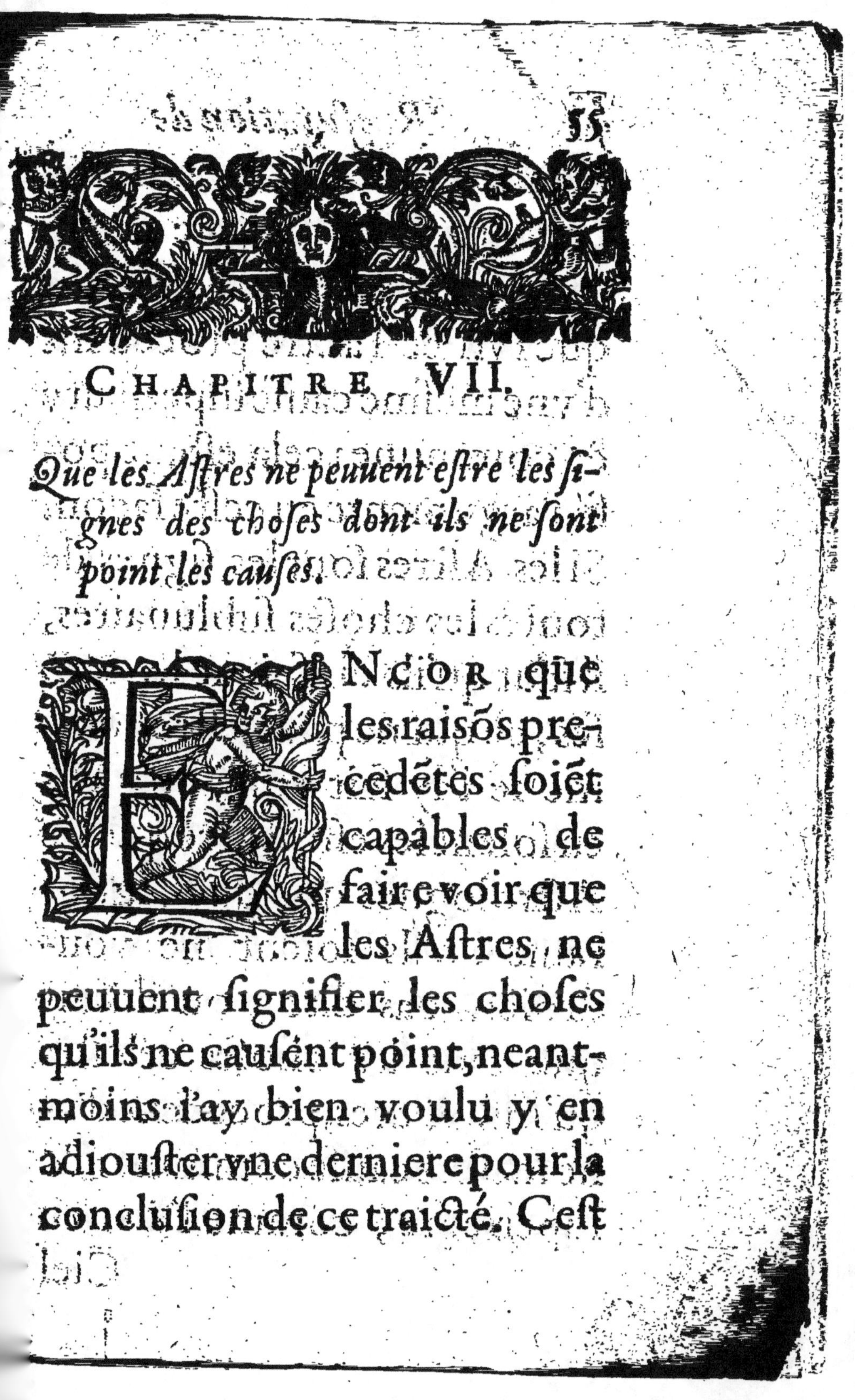

ENcor que
les raisós pre-
cedétes soiét
capables de
faire voir que
les Astres ne
peuuent signifier les choses
qu'ils ne causént point, neantmoins l'ay bien voulu y en
adiouster vne derniere pour la
conclusion de ce traicté. C'est

à sçauoir, que tout ce qui est si
gne naturel de quelque chose,
en est ou la cause ou l'effet, ou
que l'vn & l'autre procedent
d'vne mesme cause superieure
& commune : cela estant po-
sé, i'argumente en ceste façon.
Si les Astres sont les signes de
toutes les choses sublunaires,
il faut qu'ils en soient les causes, ce qui ne peut-estre comme ie l'ay fait voir ; ou qu'ils
en soient les effects, ce que les
Astrologues quelques ignorants qu'ils soient ne voudroient pas dire ; ou il faut
que tant les choses celestes
qu'inferieures, procedent d'v-
ne mesme cause commune &
superieure, comme l'Arc en
Ciel

Ciel, est ordinairement signe de beau temps, nõ qu'il en soit la cause ou l'effect, mais parce que l'Iris & la serenité procedét d'vne mesme cause. Or il faut que la cause cõmune des corps celestes & des choses su blunaires, soit corporelle ou incorporelle. De corporelle il n'y en peut auoir au dessus des Cieux? Si elle est incorporelle, il reste que ce soit Dieu ou les Anges; De dire que Dieu, ou ces Sainćts & Bien-heureux esprits, nous incitassent au mal, & qu'ils cõmissent des meschãcetez que plusieurs hommes feroient conscience de penser tant seulement, comme de nous faire

commettre des meurtres,
des volements, des incestes,
ne seroit-ce pas vne execrable impieté ?

CHAPITRE VIII.

Que nous pouuons trouuer en nous mesmes les causes que nous attribuons iniustement aux influences des corps celestes.

NOVS ressemblons à ces pauures malades qui s'imaginent que leur douleur, & leur soulagemét prouient de la diuersité des licts, combien que la vraye cause de cela soit au mouuement de leurs humeurs. Voire ie puis dire que nous impu-

tons auec beaucoup moins
d'apparence, nos biens & nos
maux à la varieté des constellations: ils ne procedent que
de nous mesmes, & nous en
sommes les seules causes.

Si nous prenons la peine
de les exagerer diligemment,
nous trouuerrons qu'vne
des principalles de toutes, est
en nostre liberal arbitre, lequel est si maniable, & si sou-
ple, qu'il s'accómode à toutes sortes de loix, de bonnes
& de mauuaises habitudes.
La Fráce a esté autrefois merueilleusement subiette à l'e-
xecrable amour des enfants,
neantmoins depuis qu'elle a
receu le Christianisme, elle a

eu tellement en horreur cesto
abomination, que ie ne croy
point qu'il y ait contree en
toute la Terre qui soit plus e-
xempte de ce mal qu'elle est
maintenant. Nous experi-
mentons tous les iours en
vne infinité de choses, combien les effects des loix diuines, & des ordonnances
humaines, sont puissantes
pour ranger nostre volonté:
mais sur tout en la frequence
& en la rareté des duels; Car
tant qu'ils ont esté permis, la
froideur de Saturne n'a peu
empescher que l'ardeur des
François ne les y portast: Au
côtraire, tant que la Iustice a
tenu seuerement la main à la

deffense portee par les Edicts
du Roy, & par les Arrests des
Cours Souueraines , l'Astre
de Mars n'a pù tellement es-
chauffer leurs courages, que
l'apprehésion du supplice ne
les en ait refroidis, de telle sorte qu'à peine il s'est faict deux
duels à Paris , voire en toute
la France , durant l'espace de
deux ans.

Nous n'experimétós pas seulemét en nous mesmes, combien le changement des loix
a de puissance de changer nos
inclinations , mais nous le
voyons aussi en plusieurs autres peuples, a qui la loy de Ie-
sus-Christ a fait en vn instant
changer de façon de viure.

Les Toupinábourgs auoient des couftumes fales & cruelles, comme de permettre aux filles de faire l'amour tât qu'il leur plaifoit fans eftre deshonorees, & aux hômes de máger leurs ennemis: neátmoins les Chreftiés leur ont fait tellement detefter ces mechancetez, qu'elles font auffi rares entre eux que parmy nous.

On ne manque point d'autres exemples pour confirmer ce que ie dis. *Certains peuples d'Orient, rapporte Eufebe, ont vne loy qui leur deffend de dérober, de tuer, de paillarder, et d'adorer les Jmages; à caufe dequoy on ne voit aucun Temple en ce pais-là, au-*

a *Lib.6. de præp. Euang.*

*cune femme impudique, aucun
adultere, aucun larron : l'E-
stoille de Mars excessiuement
chaude n'a pù inciter personne
à y commettre vn homicide. Et
vn peu apres il rapporte vne
chose memorable des Indiés.
Il y a, dit-il, au pais des Indiés
& des Bactriens plusieurs mil-
liers d'hommes, qu'ils appellent
Brachmanes; ces gens, tant par
la tradition de leurs peres que
par leurs loix, n'adorent aucũs
simulachres, ne mangent rien
qui ait vie, ne boiuent ni vin,
ni ceruoise, s'abstiennent de toute mechanceté, et ne s'estudient
qu'à seruir Dieu. Tous les autres Indiés du mesme pais, sõt a-
dulteres, meurtriers, yurongnes*

&

& idolatres, & si treuue quelques gens, voire mesme, il y a
vne nation des Indes qui habite
la mesme contree, elle vend les
hommes, les sacrifie, & les de-
uore, et n'y a aucune des planettes qu'on appelle heureuses qui
ait peu rendre ces derniers peuples gens de bien, n'y aucune planette maligne, qui ait peu rendre les autres meschants. La
bonne & mauuaise habitude
est encore merueilleusement
puissante pour nous porter
au vice ou a la vertu. C'est
vne chose estrange que les effects qu'elle produit. Ie n'en
ay rien leu de plus merueilleux que ce Pic de la Myran-
de raconte d'vn sien amy, qui

Q

pour ſe prouoquer aux con-
tentements de l'amour, ſe fai-
ſoit fouëtter cruellement, &
eſpandre du vinaigre dedans
les playes. Choſe vrayment
admirable, de voir qu'vn hõ-
me ayt recherché de la vo-
lupté dedans la douleur. La
concurrence des cauſes prochaines fait auſſi beaucoup
de choſes , que nous impu-
tõs iniuſtemẽt au Ciel : ainſy
que la grandeur d'Alexandre
laquelle eſt procedée d'vne
rencontre de pluſieurs cauſes
apparẽtes ; comme de ce qu'il
eſtoit né Roy , courageux,
liberal , inſtruit par Ariſtote,
& aſſiſté d'vne bonne fortune particuliere ; toutes leſ-

quelles choſes, ceſt vraye folie
de les attribuer au Ciel, puis
que nous les pouuons auecques plus de raiſon rapporter
aux cauſes prochaines qui
nous ſont indubitables.

FIN.

EXTRAICT DV PRI-
uilege du Roy.

PAR grace & Priuilege du Roy,
il eſt permis à TOVSSAINCTS
DV BRAY, Marchand Libraire Iuré
à Paris, d'imprimer ou faire imprimer
vn liure intitulé, *Refutation de l'Aſtro-*
logie Iudiciaire, compoſé par le Sieur DE
COVLOMBY , & deffences ſont
faictes à tous autres Libraires & Im-
primeurs de ce Royaume de l'imprimer ou faire imprimer, ſans le congé
& conſentement dudit du BRAY,
pendant le temps & terme de ſix ans
entiers & accomplis, ſur peine de có-
fiſcation des impreſſiós qui en ſeront
trouuees, & d'amende arbitraire enuers ledit du BRAY, & de tous ces
deſpens, dómages & intereſts , ainſi
que plus amplement eſt contenu &
declaré és lettres dudit Priuilege,
Donné à Paris, le 20. May 1614.

Par le Conſeil,   Signé,

SALOMON.